IP）数据

及建筑与艺术 / 赵航著 ; 悠拉悠绘. — 北京 : 清华大学出版社, 2023.1

62087-7

①赵… ②悠… Ⅲ. ①古建筑－建筑艺术－埃及－通俗读物

书馆CIP数据核字(2022)第195090号

琳
捷
拉悠 陈国熙
丽敏
怀宇

清华大学出版社
网 址：http://www.tup.com.cn，http://www.wqbook.com
地 址：北京清华大学学研大厦 A 座 邮 编：100084
社 总 机：010-83470000 邮 购：010-62786544
投稿与读者服务：010-62776969，c-service@tup.tsinghua.edu.cn
质量反馈：010-83470000，zhiliang@tup.tsinghua.edu.cn
者：北京博海升彩色印刷有限公司
销：全国新华书店
本：160mm×240mm 印 张：15.5 字 数：234 千字
次：2023 年 1 月第 1 版 印 次：2023 年 1 月第 1 次印刷
价：98.00 元

编号：095715-01

赵航 著

悠拉悠 绘

清華大學出版社
北京

序

2022年10月初，突然收到QQ好友赵航的问候，邀我为他即将出版的一套书“莎草绘卷”写序。因为是写古埃及的内容，因此我非常感兴趣。其实我并不十分了解他，只因为他是个埃及学的超级爱好者所以相识。我们在QQ上探讨的问题有些是一般爱好者不会关注的，倒不是因为问题偏僻，而是经常会不停地追问，这正是我所喜欢的。我经常跟我的研究生讲要不停地追问，也因此对他萌生好感，就答应了下来。他把书稿发给我后，了解到这是一套古埃及文明的科普图书，是一套真正的“图书”，因为有很多图，几乎每页都有。所以，读起来更轻松，合于科普的习惯。

中国是一个有着悠久历史的文明古国，因此对于历史有着不同于西方人的感受，对像古代埃及这样的文明古国也有非同寻常的热爱。但由于文化的隔膜，以及学术起步较晚，国人对古埃及文明的了解还限于金字塔建造的神秘传说和木乃伊归来的现代影片带来的街谈巷议的推测阶段。这让我想起十几年前在埃及南方考察哈特谢普苏特女王神庙时看到的情景，对我的触动很深。作为一位经常在埃及考察的研究者，因看到的游客大多都是欧美人而略感失落。后来随着世界经济危机席卷全球，欧美游客人数开始下降，中国人的身影变得越来越多。但中国游客来到埃及古迹之处做的第一件事就是拍照留念，很少有仔细浏览并进行深入了解的。可我在女王神庙处看到的令我吃惊的情景，是5个八九岁的欧洲小孩，手里拿着古埃及圣书体文字（国内一般称象形文字）王表在神庙的墙壁铭文中寻找、核对王名圈里的王名，以确定神庙所涉历史断代在什么时间。八九岁的孩子居然以埃及学学者的方法“阅读”三千多年前的古迹，让我深感国内埃及学科普的缺失。这是我答应为作者写序的原因。

科普图书应该像百科全书，尽可能多地回答大众的问题。这套书有三本，虽各有侧重，却基本囊括了一般读者想要知道的内容。历史、地理、神话、民俗、建筑、艺术，暗合了埃及学学科在世界各大学与研究机构的归属。中国的埃及学都设在历史学科中，而西方却更多设在考古、建筑与艺术学科，这也反映出埃及学蕴含内容的主要方面。从这套书的行文内容上看，作者多使用国内外埃及学大家著作中所用的材料，因此较为靠谱。埃及学虽是一个科学研究领域，却因其时代的久远与形态的“神秘”而吸引各路人蜂拥而至。除了科学的研究之外还有一个专注于炒作的群体活跃于媒体之中，于是泥沙俱下，云雾缭绕。对于学者，这种现象并无问题，可对于一般读者却常常会不知所措。本书作者阅读了很多埃及学著作，又与国内诸多埃及学大家都保持着联系，这在很大程度上能够确保书中内容的可靠与透彻。作为一位埃及学的超级爱好者，可能比我们这些学者更了解爱好者们的兴趣，回答爱好者们的问题。

刚收到书稿清样时还产生过一点小小的误解，以为“生命之宫”是要写𓉐𓋹，因为这个称号直译就是“生命之屋”，是古埃及一个非常重要的集教育、医学、书库于一体的机构，而我又称自己的书房为𓉐𓋹，因此觉得这个问题有些过于专业，不适合一般读者阅读。读过整套书的目录才知道，《生命之宫》是对应后两部《美丽之屋》和《伟大之域》的。于是放心。

希望广大读者能够喜欢这套图书。

是为序。

李晓东

2022年10月31日于𓉐𓋹

前言

几年前，我就动过写一本古埃及科普书的念头。

作为人类文明最初的曙光和地中海文明圈的肇始，古埃及在世界历史上有着独特、重要的地位。自19世纪以来，得益于地缘优势和早期掠夺式考古的影响，欧洲各国对古埃及的热情始终有增无减，并逐渐形成了“埃及学”这门显学。

但是在国内，虽然前有端方、黄遵宪收藏埃及古物，后有东北师范大学世界古典文明研究所群星闪耀，但由于起步较晚、对外交流较少，因此对这门综合学科面向大众的推广、普及的重视程度尚显有限。曾经不止一次有人向我抱怨，如今市面上广为流传的埃及学书籍，要么过浅，要么过深。

浅的书籍往往将为人熟知的那些“野史逸闻”不厌其烦地反复讲述，其中还不乏“法老的诅咒”“外星人建造金字塔”“法老墓中的猫”等流传了一百多年的谣言“集锦”。这些书的卖点固然是有，但这并不是科普应有的态度。

深的书籍则过于专业性和偏向性，虽然每一次翻阅这些埃及学专著都受益匪浅，但是对于那些正在尝试入门的人来说，难免有些艰涩难懂，作为科普的门槛实在太高，自然令人望而生畏。

我发现市面上缺失一种既“全面”又“不浅不深”的古埃及全景式科普书籍，以至于在很长一段时间里，面对微博上众多网友的垂询，我只能为他们推荐刘文鹏教授的《古代埃及史》——要知道，这可是现阶段国内埃及学硕士研究生教材！

更让我深受刺激的是，我看到了一本英国出版的古埃及圣书体童话《彼得兔的故事》，连一本童话都可以有专业学者用古代文字向那些学龄前的孩子展示。无论对象年龄、学识程度都能够找到合适的科普书籍，这无疑是很好的“科普生态环境”。

得益于“一带一路”倡议的提出，作为连接东西方的两个文明古国，中国和埃及的民众都对彼此悠久的历史文化产生了浓厚的兴趣。国内民众对古埃及历史、文化的热情已经不仅仅局限于小说、电影和游戏的范畴。

承清华大学出版社刘一琳编辑的邀约，我和悠老师在两年多的时间里共同完成了这套古埃及历史文化的科普丛书，共分为三册，分别是《生命之宫：古埃及历史与地理》《美丽之屋：古埃及神话与民俗》《伟大之域：古埃及建筑与艺术》，希望能为有兴趣了解古埃及的读者提供一本手边的参考资料。

赵航

2022年5月

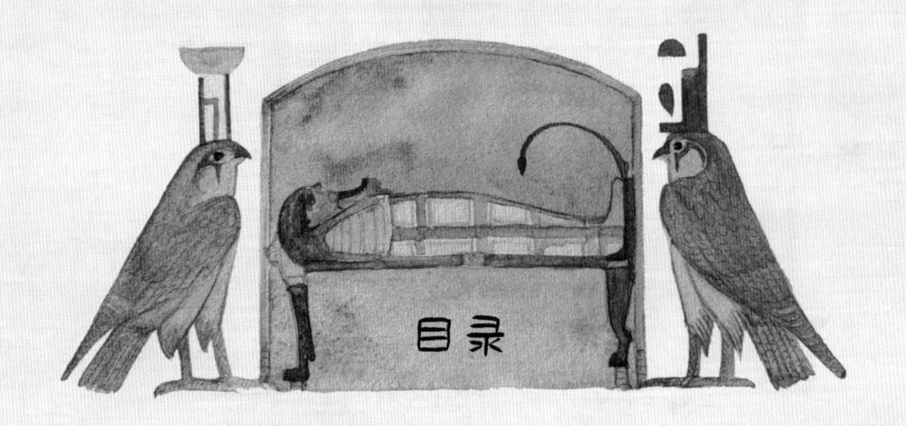

目录

建筑篇 / 001

通往太阳的阶梯 · 002

王家长眠谷 · 043

众神之屋 · 095

艺术篇 / 131

涂色的历史 · 133

美神的恩泽 · 173

铭刻于石上 · 203

后记（一） · 235

后记（二） · 236

建筑篇

通往太阳的阶梯

金字塔是古埃及最知名的建筑形制，它以宏伟的外观、浩大的工程量、精准的测绘和持久的稳定性而著称于世。其中尤以吉萨高原的大金字塔群最为著名，它是古典时代的“七大奇迹”之一，也是现代埃及旅游业的标志。几千年来，金字塔被无数真假难辨的谜团和传说围绕，想要知道这些古老的巨石建筑背后的奥秘，就必须追根溯源，了解金字塔这种建筑形制从何而来，又是如何一步步发展为大金字塔形式的。下文结合埃及各地现存的众多金字塔来详细阐述。

金字塔是古埃及大型王室丧葬建筑中的地表纪念建筑，其形制以四棱锥形巨石建筑较为常见，少部分早期金字塔则是多层阶梯结构。古埃及人将金字塔称为“𓇋𓅓𓂋𓉴”（myr），意为高处，通常被认为是模仿神话中最早浮出海面的原始土丘“奔奔”而修建的。每座金字塔的塔顶通常还会放置一块用花岗岩磨制成形的小四棱锥作为整座金字塔的塔尖，这块塔尖是整座金字塔每天最早被太阳照射到的部分，象征着神话中太阳神化身的贝努鸟在原始土丘上的落脚处——“奔奔石”。

经过近年来的考古发掘，目前埃及境内已勘明的金字塔类建筑有118座，建造时间从第三王朝到第十八王朝早期，跨度长达一千多年，绝大多数金字塔都修建在尼罗河西岸，这是古埃及宗教观念中冥界入口的方向，只有一座第三王朝时期的小金字塔修建在尼罗河东岸的扎维耶特-麦伊廷。

阿蒙尼姆霍特三世金字塔顶石

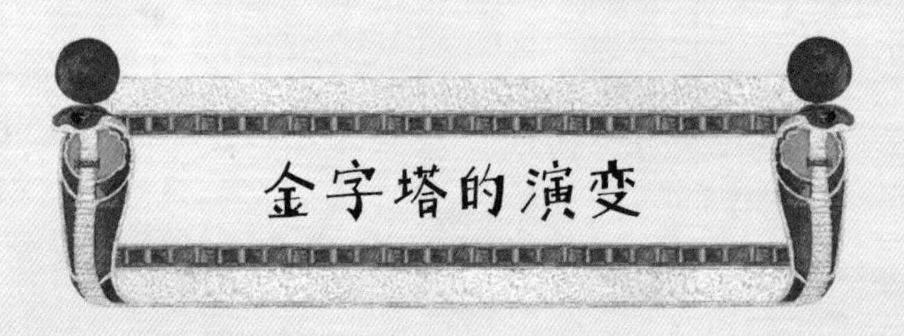

金字塔的演变

和所有不断演变的古代建筑一样，金字塔并非一开始就是如今常见的四棱锥形式，在这之前，它有一条清晰而漫长的发展脉络，也就是“马斯塔巴——阶梯金字塔——金字塔”。

在介绍金字塔之前，首先要了解什么是马斯塔巴。马斯塔巴是一种古埃及前王国到早王国时期常见的墓葬建筑，它是用大量泥砖或石材建成下宽上窄、四周向内倾斜的四棱台形建筑，用来掩埋下方的墓葬入口并用作地表纪念物。这种建筑的古埃及名称是“永恒之家”（pr-djt），但由于它的外观与阿拉伯人传统的石凳“马斯塔巴”（مصطبة）非常相似，因此被后来的埃及阿拉伯人称为马斯塔巴并沿用至今。

古埃及人发现浅埋的尸体会被食腐动物挖出来啃食，或者遭到盗墓贼的劫掠，在墓穴上加盖一层泥砖建筑能够有效地防止死者的尸体受到侵扰。在早期部落时代，只有部落首领才能享受这样高规格的丧葬待遇。进入早王国时期，也只有王室成员和贵族官员们才有资格和财力去修建属于自己的马斯塔巴墓。在当时的首都孟菲斯附近的萨卡拉王室墓葬区，时至今日仍然有着数量众多的国王和贵族的马斯塔巴墓遗址。

古埃及人在修建马斯塔巴墓时，通常会先从地面垂直向下挖掘竖井，并在地下深处横向扩展出完整的墓室，之后用木板制作墓室内部的墙体，这个地下墓室结构被称为“地窖”（serdab），用来存放死者的棺椁和随葬品。等死者正式下葬之后，工人们会用重达数吨的巨石彻底堵住垂直向下的墓道，并在上方修建马斯塔巴。

在修建马斯塔巴墓时，工人们通常会在其砖石结构中放置一尊死者形象的雕像，并为这尊作为死者化身的雕像留一道通往顶层的垂直天井，古埃及人认为死者的巴魂能够通过这道天井顺利往返于冥界和死者身体之间。马斯塔巴墓附近往往还会用泥砖修建一些用来祭祀死者的小型葬祭殿，这些葬祭殿中往往装着木制或石制的假门，用来象征性地为死者的巴魂传递食物、饮料等。

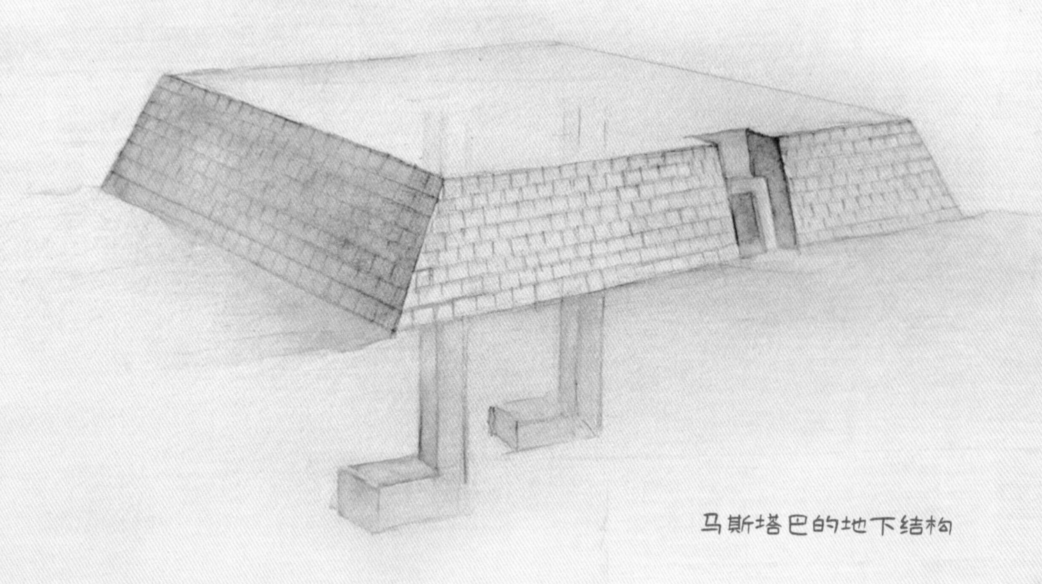

马斯塔巴的地下结构

国王的马斯塔巴墓多修建于第一、第二王朝，自从阶梯金字塔出现之后，国王们就很少再修建马斯塔巴墓，而贵族官员们则继续使用这种传统的墓葬建筑。仅在吉萨地区，这一时期修建的贵族马斯塔巴墓就多达150余座。进入第四王朝后，古埃及的工人们掌握了在上埃及尼罗河沿岸的岩石峭壁上挖掘墓穴的技术，墓穴建成之后，再于峭壁顶端修建马斯塔巴作为纪念建筑。这样的峭壁墓穴让盗贼更难得手，因此一直沿用到新王国时期才逐渐消失。

左赛尔金字塔（阶梯金字塔）

地址：萨卡拉

原始高度：62.5米

底部边长：长121米、宽109米

总体积：33万立方米

建筑仰角：82°

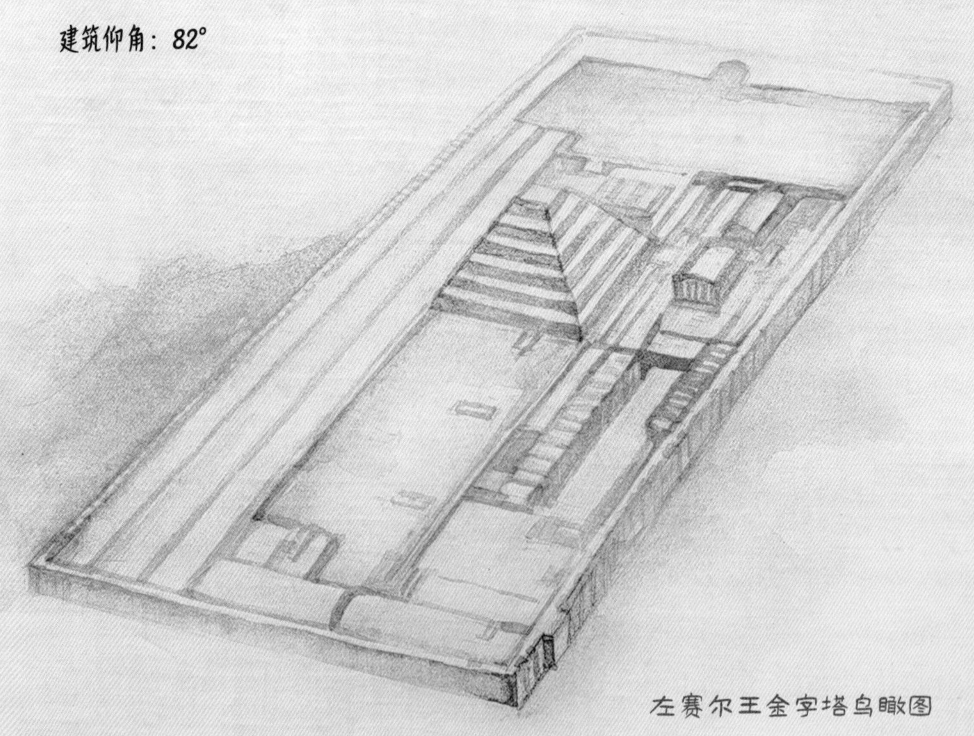

左赛尔王金字塔鸟瞰图

进入第三王朝，左赛尔国王在大臣伊姆霍特普的协助下开始修建一种多层的马斯塔巴建筑——这些马斯塔巴一层叠压一层，每一层都比下面一层等差缩小，最终建成的就是阶梯形式的建筑——“阶梯金字塔”。

阶梯金字塔是从马斯塔巴演变为金字塔的过程中的一个重要里程碑，为后来的金字塔建设积累了经验。

左赛尔在位时间较长，任期内共面向全国征税19次，按照传统，国王每两年向全国征税一次，这意味着他在位至少38年，让他有足够的时间为自己修建一座与以往历代国王不同的陵墓。

作为左赛尔最信任的大臣，伊姆霍特普承担了为国王设计新型坟墓的重任。经过现代考古勘测发现，伊姆霍特普在阶梯金字塔的建造过程中曾多次修改建造计划。最初他设计的是一座边长63米、高8.4米的马斯塔巴建筑，这是古埃及第一座完全采用石灰石修建的马斯塔巴。初步建成之后，这座马斯塔巴的边缘被进一步拓展，扩大到了长79.5米、宽71.5 米，用来遮盖旁边其他王室成员墓葬的垂直墓道。

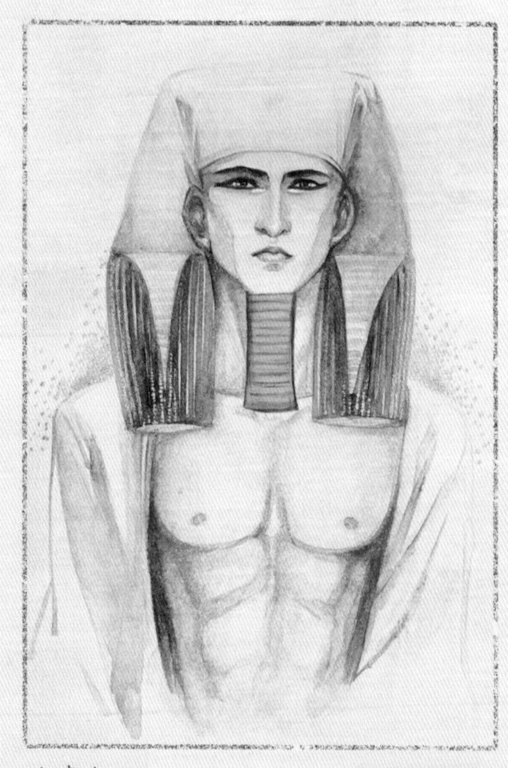
左塞尔王

随后，伊姆霍特普修改了原来的计划，他让工人用石灰石将马斯塔巴的边缘拓展到长85.5米、宽77米，之后以这个巨大的马斯塔巴为基础，在上面又修建了三层依次等差缩小的马斯塔巴，将其建造成一座高达42米的四层阶梯建筑。

不久，伊姆霍特普又在这次改建的基础上，将阶梯金字塔向西、向北进行了大幅度拓展，他先让工人在四层阶梯的西侧和北侧填充更多的石灰石块，将建筑的中心向西北方移动，同时又在顶端进一步增建了两层更小的马斯塔巴，将其阶梯结构拓展到了六层，最终就成了今天能够看到的左赛尔阶梯金字塔。它的外观如同通往天空的阶梯，以便国王死后的灵魂能够顺利地登上天空与众神同在。

左赛尔金字塔

左赛尔金字塔下方是极为复杂的地下墓道和用花岗岩修建的墓室，这些复杂的地下通道首尾相接，长度接近6000米，里面装满了左赛尔国王和其他王室成员的棺材以及数量惊人的随葬品——尽管这座古老的阶梯金字塔已经多次遭到盗掘，连左赛尔国王的遗骨都下落不明，但出土的随葬石器仍然多达4万余件。金字塔北侧有一条28米深的垂直竖井，可以通往左赛尔国王的墓室和不同深度的纵横墓道。值得一提的是，为了模仿

国王宫殿里悬挂的芦苇帘，工人们在墓道墙上镶嵌了大量烧制出的绿色费昂斯片来“模拟”真实的宫殿情景，时至今日还能看到这些残存下来的费昂斯墙壁装饰。

除阶梯金字塔外，工匠们还为左赛尔国王的墓葬建造了大量的配套设施，例如防盗的围墙、壕沟、葬祭殿、神庙、多柱走廊等。时至今日，整座配套建筑群仍占地足足150 000平方米，可见古王国时期国王的墓葬规模之宏大。

自左赛尔国王修建了阶梯金字塔之后，他的继任者们都试图在该地区建造自己的阶梯金字塔，但这些国王在位的时间都不长，因此大多都未能建成——例如赛赫姆赫特国王在左赛尔金字塔西边修建的阶梯金字塔仅建了最初的两层，留下残余7米的“湮没金字塔”。

左塞尔金字塔墓道使用绿色费昂斯片作为装饰

美杜姆金字塔（“斯尼夫鲁是持久的”）

地址：美杜姆

原始高度：91.7米

现存高度：65米

底部边长：144米

总体积：63.8万立方米

建筑仰角：74°

到了第三王朝最后一位国王胡尼时期，尽管他在位长达24年，但他生前没能完成自己位于美杜姆地区的金字塔，他的儿子、继任的第四王朝第一位国王斯尼夫鲁试图将其完成。胡尼原本想修建一座阶梯金字塔，而斯尼夫鲁则希望在每层阶梯之间填充上石块，并在其表面覆盖加工过的光滑石板，将原本的阶梯变成斜面——也就是后来的金字塔的造型。但是他遇到了一个依靠当时的技术根本无法解决的问题——这座阶梯金字塔原本的仰角实在太大，而它的地基条件不足以支撑工匠们对这座金字塔进一步扩建。

美杜姆金字塔

胡尼原本的阶梯金字塔建立在坚硬的基岩上，而将每一层阶梯边缘进行填充后，扩展出的外沿部分就落在了周围松软的沙地上，再加上内部作为核心的阶梯金字塔的仰角达到了74°，尽管扩建后的金字塔仰角已经大幅度降低，但仍让整个建筑非常的不稳定——早期的考古学家认为这座金字塔建成之后，到新王国时期才开始坍塌，但如今的考古发掘证实并非如此，由于外层扩建部分在建造的过程中出现了严重的垮塌问题，美杜姆金字塔实际上没能完工就被废弃了——金字塔底部的墓室和外围的葬祭殿都没有建成，应被打磨光滑的石墙依旧保留着开采时的粗糙痕迹，本应刻着国王王名圈的地方也空着，甚至连金字塔内部修建时使用的一些木制支架还固定在原位没有被拆除。

如今的美杜姆金字塔还残余三层，它的墓室入口位于金字塔的北侧，通过一条深17米的垂直墓道通往地下水平墓道，之后再次通过深3米的垂直墓道连接最终并未完成的墓室。

弯曲金字塔（“斯尼夫鲁在南方闪耀”）

地址：代赫舒尔

原始高度：104.7米

底部边长：189米

总体积：123.7万立方米

建筑仰角：54°27′～43°22′

吸取了美杜姆金字塔的失败教训，斯尼夫鲁开始在代赫舒尔地区为自己修建金字塔。这次他从一开始就没有按照阶梯金字塔的思路去设计，而是直接规划成标准四棱锥形的金字塔。工匠们选择了一整块稳定的岩石地面作为地基，并将金字塔底部到塔尖的仰角定为54°，这个角度与之前美杜姆金字塔外部扩建部分的51°仰角较为接近，工匠们希望之前的建筑经验能够帮助他们完成这次金字塔的建设。

但在建设过程中，工匠们发现这座金字塔的仰角还是太大（现代建筑学认为自然堆砌的最大稳定角度约为52°），不得不在修到47米高时暂停下来，重新规划它的仰角。经过多次尝试，工匠们决定将47米以上部分的仰角从54°大幅降到43°，通过降低总体高度来保证金字塔的整体稳定性，最终成功在105米的高度封顶。随后工人们使用大量经过磨制的光滑石板覆盖在金字塔的表面作为装饰外壳。

弯曲金字塔经过修缮，如今已对外开放供游客参观，这座最早建成的棱锥形金字塔总共有两个入口，其中一个入口位于金字塔的北侧，通过一条79米的狭长通道通往未投入使用的地下墓室；另一个入口则位于金字塔的西侧，进入金字塔内部的小房间，这里同样没有被使用过。

弯曲金字塔

红色金字塔（“斯尼夫鲁在北方闪耀”）

地址：代赫舒尔

原始高度：105米

底部边长：220米

总体积：169.4万立方米

建筑仰角：43°22′

由于弯曲金字塔在施工中出现了类似美杜姆金字塔那样结构不稳定的情况，斯尼夫鲁国王不得不放弃这座已经封顶的金字塔，决定在其北方约1千米处再建一座新的金字塔。工匠们这次吸取了弯曲金字塔建设过程中的教训，从最底层开始就采用了与弯曲金字塔上层相同的43°仰角，以确保新金字塔整体的稳定性。

这一次的修建过程非常顺利，现代考古学家们普遍认为这座金字塔的建设在11年到17年之内就完成了，它是第一座顺利建成并投入使用的真正意义上的金字塔。由于仰角较小，在建设过程中再也没有出现前两座金字塔外壳坍塌、结构不稳定的情况，但这也导致这座金字塔看起来比实际上要矮——当然，它其实是埃及境内第三大金字塔，仅次于后来的胡夫金字塔和哈夫拉金字塔。

和弯曲金字塔一样，这座金字塔同样使用了磨制的石灰石板作为外壳，但这些白色石板大多都在中世纪被人拆下并运往开罗修建其他建筑，只有极少部分被掩埋在塔底砂砾下得以幸存至今。这座金字塔的外壳被拆除后，露出了用来修建金字塔主体的赭红色石灰石，因此这座原名“闪耀的金字塔”被现代人称为“红色金字塔”。

由于附近有军事基地，在很长一段时间里红色金字塔都被划为军事禁区，至今考古学家们都没有完全探测过整座金字塔，这让一些埃及学家相信斯尼夫鲁国王的墓葬仍位于红色金字塔内部某处。目前已对游客开放的红色金字塔入口位于北侧的高处，进入后通过一条向下倾斜的长61米的狭长通道，来到三间与水平通道连接的金字塔内部房间，每个房间都有10多米高，显然原本都有重要的用途，但由于遭到盗墓贼的劫掠，几乎没有留下什么可供分析的信息。

红色金字塔奠定了金字塔的建筑形制，也标志着从马斯塔巴到金字塔的完美过渡。从斯尼夫鲁国王开始，他的历代继任者都开始为自己建造同样的金字塔，其中以他的儿子胡夫、孙子哈夫拉在吉萨高原上修建的大金字塔最为壮观，达到了古埃及金字塔时代的巅峰。

红色金字塔

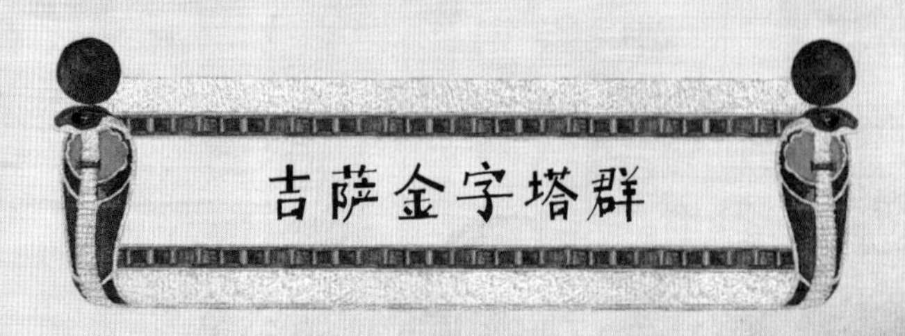

吉萨金字塔群

吉萨高原位于尼罗河西岸，尽管被称为高原，但当地的平均海拔仅有60米。与今日的埃及首都开罗隔河相望。由于这里地处西部沙漠边缘，气候炎热干燥，再加上远离传统居民区，因此一直以来都是古埃及王室的墓葬区——这里修建有大金字塔建筑群和众多贵族的马斯塔巴墓，以及雄伟的狮身人面像。

吉萨高原的三座金字塔

吉萨大金字塔群位于吉萨西南郊，距开罗市中心13千米，由胡夫金字塔、哈夫拉金字塔和孟卡拉金字塔组成。这三座金字塔都是标准的棱锥形金字塔，由于保存相对完好，并且包括了埃及最大的两座金字塔，自古以来都是当地的标志性建筑，古埃及人、古希腊人、古罗马人、阿拉伯人和早期的欧洲旅行家都留下了相关记载，被誉为“古代地中海世界的七大奇迹之一”。

胡夫金字塔（“胡夫的地平线”）

地址：吉萨

原始高度：146.6米

底部边长：230.3米

总体积：260万立方米

建筑仰角：51°50′

胡夫金字塔是吉萨大金字塔群中建设最早、同时也是最大的金字塔，它超过了之前最高的红色金字塔（105米），是公元14世纪英国的林肯大教堂塔尖（160米）建成前世界上最高的建筑。胡夫金字塔主体修建在一座低矮的山丘之上，这座小山丘高约6米，顶部被人工修理平整，如今已彻底被金字塔覆盖。

胡夫金字塔的表面原本覆盖着由打磨过的石灰石板组成的光滑外壳，这种白色石灰石板开采自吉萨以南10千米左右的图拉地区。根据2013年发现的主持修建胡夫金字塔的大臣梅尔留下的莎草纸文献可知，这些开采自图拉地区的白色石灰石正是在他的监督下用船沿尼罗河运抵吉萨地区的。但由于公元1303年发生的大地震，导致大量外壳脱落，随后又几次被人为剥除，只剩底部边缘还残余部分外壳。外壳的损毁加快了胡夫金字塔表面的风化，经过数千年的风沙侵蚀（这种来自西部沙漠的风沙多发生于每年的3月份），如今胡夫金字塔的总高度已经降至138.5米，比原本的高度低了近8米，减少了将近1000吨的重量。

由于外壳的损毁，原本藏于其下的金字塔主体就完全暴露了出来。它由超过230万块石灰石块垒砌而成，总重量达550万吨。这些用来修建金字塔的石灰石块普遍没有经过精加工，石块的尺寸、大小、重量都不相同（金字塔底层的石块高度普遍在1.5米左右，石块尺寸越往上越小，顶层附近的石块高度仅有0.5米），表面也非常粗糙。为了固定石块，古埃及人使用了大量砂浆，根据估算，整个胡夫金字塔的修建过程中使用了超过50万吨的砂浆，这让整座金字塔的总重量达到了惊人的600万吨。

古埃及人通过煅烧石灰石来制作石灰，在将石灰制成砂浆的过程中混入了大量未充分燃烧的植物灰烬，这些灰烬为现代的碳14测年提供了大量样本。考古学家们在1984年和1995年进行了两次大规模采集，共从胡夫金字塔中采集到46个确定来自金字塔最初建造时期的样本，最终将胡夫金字塔的建造年代大致确定在公元前2620年到公元前2484年之间。

胡夫金字塔的建设过程中还用到了8000吨的花岗岩，这些花岗岩被用来修建金字塔内部几个房间，其中最重的一块达80吨，被用做金字塔内部“国王室”的屋顶。考古学家们认为这些花岗岩开采自上埃及阿斯旺地区，那里的吉贝尔-廷加地区有专门开采花岗岩的古老采石场，当地的采石工人使用锤子和凿子在岩体上打出成排的坑洞，之后将木质楔子插进每一个坑洞中，用水浸泡木楔令其膨胀，最终通过应力使整块岩石从岩体上剥离下来，之后将其运送至尼罗河边装船运输——尽管当地距离吉萨高原约900千米，依然可以通过尼罗河船运直达。

胡夫金字塔的外观体积庞大，内部结构错综复杂，目前已知的内部空间包括三处较大的房间——“国王室”“王后室”和“地下室”，以及用来连接它们的纵横交错的通道。

入口

胡夫金字塔在修建时就预留了进入内部的入口，用来等国王去世后将他的遗体运进金字塔。这条原本的入口位于胡夫金字塔北侧的第十九层（距离地面17米），距离中心线东边8米，该入口通道高约1米，由于石灰石外壳被移走，现在能够从原入口处看到下降通道的拱形结构，这种结构有利于分散来自上方的压力，增强通道的稳定性。

最初，考古学家都认为这处原始入口通过一条高度为1.2米，宽1米，全长接近100米的下降通道直达地下基岩，再通过一条长8.8米的水平通道与“地下室”相连。但根据2016年的勘测发现，在原本入口的拱形结构后方还有一处较大的封闭空间，考古学家们发现它可能是一条尽头不明的水平通道的一部分（已知部分约5米），这条与下降通道并未连通的未知通道最终通往胡夫金字塔内部的何处，目前仍是个谜。

由于原本的入口在安葬完成后被彻底封闭，如今的胡夫金字塔还有一处更加狭小的入口，这条通道最初被认为是公元9世纪时的当地总督玛门率人强行打开金字塔时留下的，因此这个入口又被称为“玛门穴”。但现有的资料显示，早在玛门之前这里就已经存在着一条进入金字塔内部的通道，但这条通道曾被人为封堵过，考古学家认为这是拉美西斯时期的古埃及官方修复的痕迹。现在人们通常认为是玛门率领人清理了这条通道的堵塞物，使得人们可以再次进入金字塔内部。发掘者向内打通一条33米长的水平通道，在下降通道的27米处与之会合，随后水平通道朝左转弯，绕开了上升通道与下降通道之间的封堵物，使上升通道、下降通道和这条盗挖的通道连接起来。这也是今天参观金字塔的游客们的必经入口，它位于胡夫金字塔的第六层和第七层之间，在原本入口的斜下方，距离塔底7米。

胡夫金字塔入口

地下室

下降通道通往的“地下室”可能是胡夫金字塔的设计师最初构想的国王墓室。与早期马斯塔巴墓的地下墓葬结构类似，该墓室位于地下27米处，底面呈长方形，南北长8.4米，东西长14.1米，高4米。墓室的部分墙体经过初步打磨，西边的墙壁上还开凿出了一个壁龛的大致形状，不过这间墓室并未完工就被放弃了，因此仍有部分墙体保留着粗糙的墙面。在墓室入口对面墙壁上还有一条没有挖通的废弃坑道，坑道里还保留着采石工人们挖掘时留下的痕迹，显然并未被当作墓室使用过。

上升通道

在下降通道的28米处，古埃及工人们开辟了一条倾斜向上的通道，它通往位于金字塔内部高处的国王室和王后室，被称为“上升通道”。上升通道全长39米，宽度和高度与下降通道相同，以26°的仰角倾斜向上。为了防盗，古埃及工人们在将胡夫国王安葬之后，使用三块分别厚1.57米、1.67米和1米的巨型花岗岩石块封堵了上升通道。当然，这并没有起到防盗的作用——挖掘出“玛门穴”通道的人通过挖掘周围远较花岗岩松软的石灰石块，轻易地绕过封堵进入了上升通道，后来这条入口被进一步扩大并开凿出台阶，成为今天游客们进入上升通道的入口。

左上为胡夫金字塔入口，左下为盗洞“玛门穴”（2018年摄）

通过上升通道后，就来到了一处相当复杂的枢纽区域，分别连接着继续倾斜向上的大型甬道“大画廊”、通往王后室的水平通道以及一条通往下降通道的狭窄竖井。

竖井

埃及考古学家们通常认为这条狭窄竖井是为那些留在后面使用花岗岩石块封堵上升通道的丧葬祭司或者工人们预留的通道，令其在完成封堵后可以借此回到下降通道并返回入口。这条竖井全长近50米，除最开始垂直下降了8米之外，剩余部分的通道走向并非完全垂直，而是由许多条不断变化角度的短通道组合而成，最终在接近废弃地下室的地方与下降通道水平相连，沿通道向上即可通过入口离开。

王后室

水平通道是通往王后室的必经通道，最开始的一段原本被掩盖在大画廊的地板下方，但是这部分地板被人拆除，重新露出了通往王后室的通道，两侧的墙壁上至今还留有原本固定地板的凹槽。水平通道的前半段相当狭窄低矮，宽1米、高1.17米，仅能供人蹲伏通行，沿着通道前进一定距离后，地面突然下降了约0.5米，这让通道的整体高度上升到了1.68米，笔直通往王后室。

王后室所处的位置相当巧妙，恰好位于金字塔南北向的正中间，底面呈矩形，南北长5.2米，东西长5.8米，房间上方有类似原本入口处的尖顶拱形结构，拱形结构的最高处距离王后室的地面约6.3米，用来分散上方大量石块的重力，以免过大的压力引发坍塌。由于被盗贼洗劫破坏，如今王后室内没有发现任何随葬物品。王后室的东面墙壁上原本有人工开凿出来的高4.7米、深1米的神龛，也遭到盗贼的破坏——他们为了寻找随葬品而打穿了神龛，又向深处挖了几米，直到最终不得不放弃。

另外，在王后室的南北两面墙壁上各有一条倾斜向上的狭长竖井，最初考古学家们认为这两条竖井是通往金字塔外的通气孔，随着上层的国王室内同样的竖井被发现，考古学家们认识到这条完全无法让任何人通过的狭长通道可能和古埃及丧葬文化中供死者灵魂升天的通道相关。和国王室那两条打通了金字塔外壳的竖井不同，后来的勘探发现王后室这两条竖井都没能打通到金字塔外部。关于这两条竖井的考古研究至今仍在继续，1993年、2002年和2011年，德国考古队分三次使用履带机器人对王后室南面的竖井进行了探索，并在上升了65米之后发现了一间被石门封闭的未知房间——其中2002年那一次面向全球同步直播了探索全过程，机器人穿过被钻开小孔的石门，拍摄到了石门后密室的内景，这个重大发现瞬间轰动了全世界。

大画廊

沿着上升通道继续前进，就来到了胡夫金字塔内部最大的空间，考古学家们通常将这条长通道称为“大画廊”。大画廊是连接上升通道和国王室之间的唯一通道，全长46.68米，上下落差21米。通道的两侧墙体之间最宽处为2.1米，随着逐渐升高而越发狭窄，到最高处仅剩下1米左右。通道中间是一条宽1米的光滑斜道，可能是用来便于工人搬运重物的，两侧则是高出斜道一截、宽52厘米的两条倾斜台阶。如今旅游部门在中间的光滑斜道上加装了一部木制楼梯，供游客向上攀登。

胡夫金字塔大画廊

和其他通道不同的是，大画廊的内部空间相当大，为了避免上方的石块重量过大导致塌陷，工人们特地在大画廊上方加装了花岗岩廊

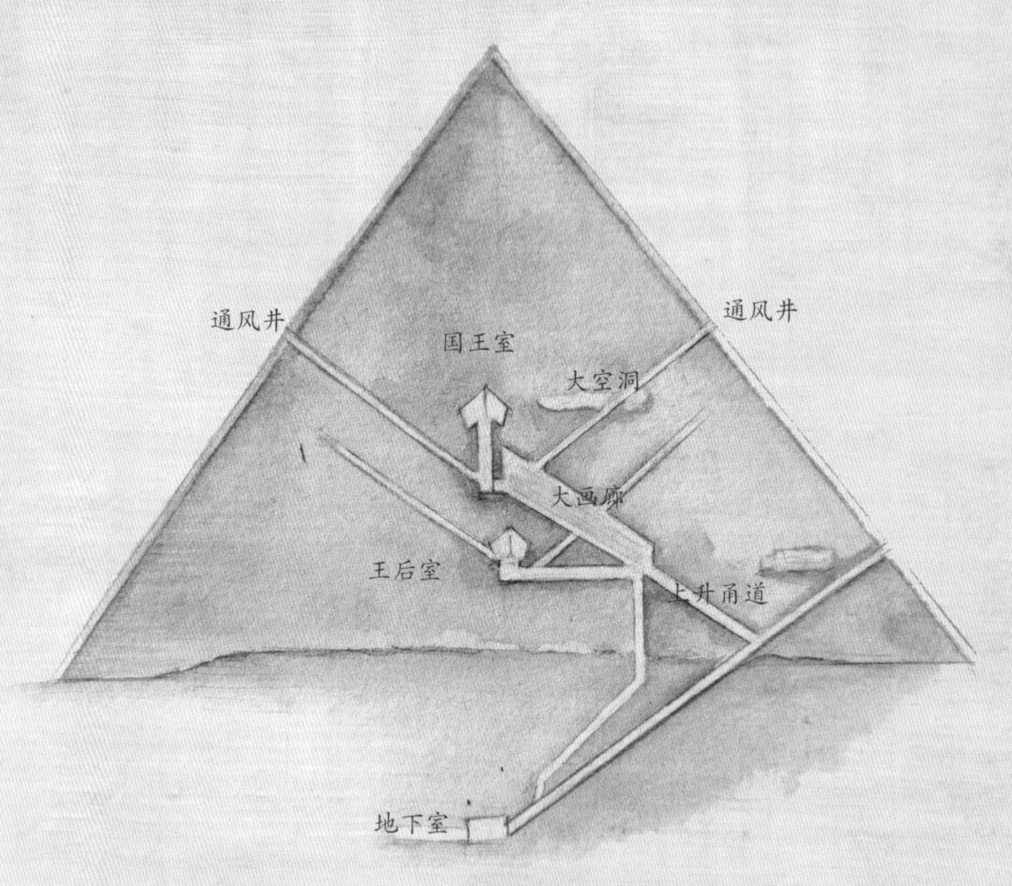

胡夫金字塔内部结构图

顶，这些廊顶嵌在两侧墙壁上开凿出的凹槽里，不直接承受上方的压力。

另外值得关注的是，在2017年对金字塔的勘测中，考古人员使用μ子断层扫描技术对金字塔内部进行了大范围的扫描，其中在大画廊上方又发现了一个较大的封闭空间，这个空间长达30米，形制与大画廊相仿，被称为“大空洞”。由于其处于封闭状态，无法在不破坏现有金字塔结构的情况下进入其中，因此对它的进一步探索方案还在规划之中。

国王室

大画廊走到尽头，穿过一条水平短通道进入前厅，就来到了位于胡夫金字塔内部最高处的国王室，这里也是最有可能曾经安葬过胡夫国王的墓室。

国王室的前厅最初被设计成永久封闭的构造，它完全用厚重的花岗岩修建而成，两侧的石墙上雕刻出了三道垂直的凹槽，顶端则留有供绳索穿过的圆孔，安葬胡夫国王的人员在放置好国王的棺椁之后，在外面拉动绳索，就可以让用来封闭墓室的三层石闸全部沿着凹槽落下，三层石闸均厚52厘米，足以将入口封死。但这个机关最终还是被盗墓贼破坏了，他们从大画廊的廊顶打开了一个水平通道，一直挖掘到国王室的上层泄压室里，再从这里进入国王室返回前厅，将封闭墓门的石闸砸断，重新开启了封闭的墓门——如今被破坏的部分石闸在通往下降通道的竖井和原始入口内都有发现。

国王室是目前已发现的胡夫金字塔内三个房间中唯一一处还留存着墓葬痕迹的房间，底面呈矩形，南北长5.2米，东西长10.5米，高5.8米。国王室的墙壁仅经过简单的打磨，上面没有任何装饰壁画或铭文，这可能和当时还未出现金字塔铭文有关（目前已知最早的金字塔铭文为第五王朝国王乌纳斯金字塔墓室铭文）。

国王室内部的地面上放置着一口空的花岗岩石棺，这口石棺外部长2.28米、宽0.98米、高1.05米——这个尺寸显然无法通过之前的众多狭窄通道，因此考古学家们认为石棺是最初建造金字塔的过程中，在国王室没有封顶前直接放置进来的，这也是它没有被盗墓贼盗走的原因。当然，这口棺材内部已经被洗劫一空，棺材盖子也丢失不见，由于石棺周围没有留下铭文，也无从得知其是否属于胡夫。

在国王室的南北两侧墙壁上，同样开辟有和王后室相同的狭长竖井。与王后室未曾打通金字塔外层的竖井不同，国王室的两条竖井都穿过了国王室的花岗岩墙壁，并一直打通到金字塔的外层与外界连通。现代金字塔管理处利用这两条竖井，安装了通风机，以减轻游客呼吸带来的潮湿水汽对金字塔内部的损害。

国王室的顶层由九块总重量达400吨的花岗岩石板建成，由于几千年来的自然因素和人为破坏，这些花岗岩石板上遍布裂痕。国王室上方是五间竖直排列的密闭泄压室，这五间泄压室分别以最早发现它们的几个探险者的名字命名，由下至上分别是“戴维森室”“威灵顿室”“纳尔逊室”“阿布斯诺特夫人室”和“坎贝尔室”。其中最底层的戴维森室就是当年的盗墓贼们通过挖洞绕过前厅石闸进入国王室的地方。在最高处的“坎贝尔室”顶端，有着和王后室相同的花岗岩拱形尖顶，考古学家们推测它们是用来分散国王室上方建材的压力。

几个泄压室墙壁上残留着众多用赭石红颜料留下的涂鸦和施工标线，这些涂鸦记号写的是众多施工团队的名字，例如“这个团队，荷鲁斯-梅德度（胡夫的荷鲁斯名）是两地的净化者”“这个团队，荷鲁斯-梅德度是纯洁的”“白冠的克奴姆胡夫是强有力的”等。古埃及修建金字塔的工人们通常每40人组成一个团队，每个团队分为4个10人小组来配合工作，这些涂鸦和标线可能就是为了分工而留下来的标记。

太阳船

胡夫金字塔有着众多附属建筑，例如附近的三座王后金字塔，由堤道连接的山谷神庙和葬祭殿等。同时考古学家还在附近发现了五个太阳船坑——金字塔东侧有三个，南

复原太阳船（胡夫金字塔）

侧有两个，其中有两个船坑中出土了被拆散埋藏的太阳船。现代考古人员已经重新将一艘被拆成1224块木板的太阳船复原，它全长43.4米，宽5.9米，是目前世界上最古老、最大、保存最完好的古代木船之一。在古埃及的早期神话中，死者的灵魂会升天与众神同在，这些太阳船就是用来运送胡夫的灵魂登天的工具。

哈夫拉金字塔（“哈夫拉是伟大的”）

地址：吉萨

原始高度：143.5米

底部边长：215米

总体积：221万立方米

建筑仰角：53°10′

胡夫之子哈夫拉的金字塔位于胡夫金字塔的西南方向上。由于哈夫拉金字塔所处的基岩较高，同时它的仰角更大，因此看起来要比胡夫金字塔高，但实际上它要比胡夫金字塔低3米。

哈夫拉金字塔主体建筑完工后，石匠们又分别使用开采自阿斯旺地区的花岗岩以及图拉地区的白色石灰石制作了金字塔底层和上层的外壳。如今哈夫拉金字塔的底层花岗岩外壳早已下落不明，但顶层还残留着部分石灰石外壳，哈夫拉金字塔也因此成了吉萨大金字塔群中唯一一座还保留着部分原始外壳的金字塔，为现代人还原金字塔最初的外观提供了参照。

和胡夫金字塔复杂的内部结构不同的是，哈夫拉的金字塔从一开始就没有为金字塔内部预留太多空间，而是像早期马斯塔巴墓以及左赛尔阶梯金字塔一样，将国王的墓室建在金字塔下的基岩中。

哈夫拉金字塔有两条不同的入口，上层入口位于金字塔北侧高11.5米距中心线偏东12米处，是一条类似胡夫金字塔原始入口的倾斜向下的通道，这条通道长约30米，一直穿过金字塔底层直达基岩内部，再水平向南一直通往位于金字塔塔尖垂线位置上的国王墓室。下层入口通道则完全避开了金字塔，从远处挖掘出一条倾斜向下的通道，再水平向南，随后倾斜向上，最终和基岩内通往国王墓室的水平通道交会。

另外，在哈夫拉金字塔内有一处用途不明的空间，其入口位于金字塔上层入口的西侧，略低于上层入口，整体呈水平方向。但这处空间并未经过精细打磨，地面和顶部凹凸不平，原本可能是用来储放随葬品或摆放死者雕像的，但其中并未发现任何随葬物品，可能是被盗或未曾投入使用。这处空间在尽头垂直向下，与水平通道交会。

国王墓室在基岩中开凿而成，底面呈矩形，东西长14.5米、南北长5米，顶部为石灰石尖顶拱形结构，最高处约6.5米。整个墓室的墙壁上无壁画或铭文，两侧墙壁上方同样有类似胡夫金字塔国王室的倾斜竖井，不过这里的竖井并没有通到外面。在墓室的地面

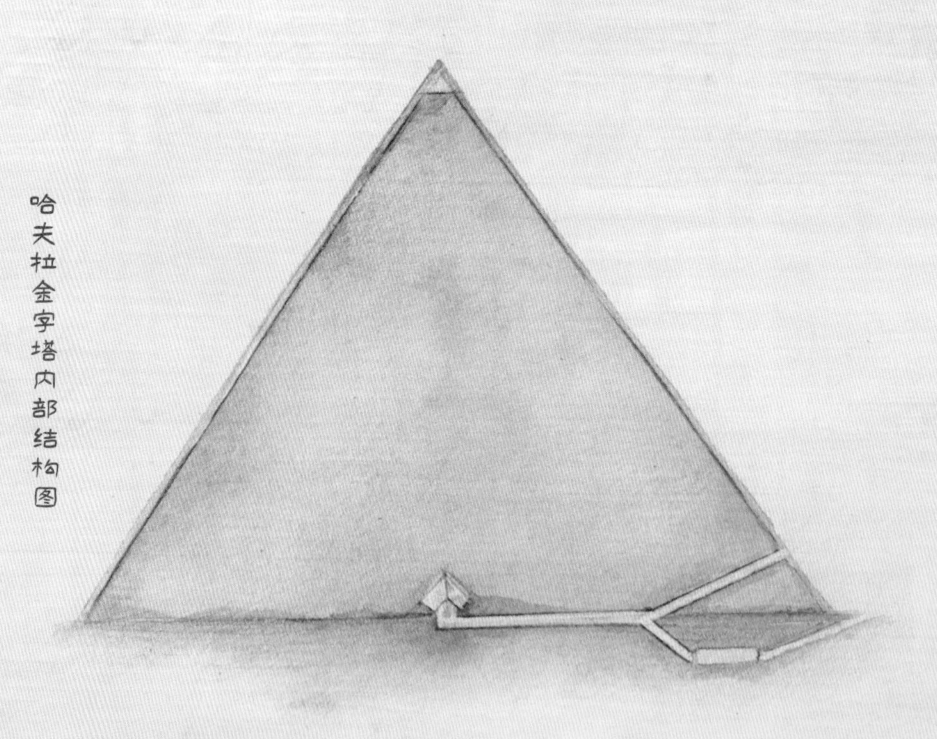

哈夫拉金字塔内部结构图

上放着疑似哈夫拉国王的由花岗岩凿空而成的石棺，石棺半沉入地下，在1818年哈夫拉国王墓室首次被近代人发现时，这个石棺就已经被打开过了，里面混杂着一些动物的骨骸，破碎的棺盖被丢在地上。旁边的地面上还有一个方形凹槽，原本放置着装有内脏陶罐的箱子，不过箱子已经被盗了。

哈夫拉金字塔同样有着众多附属建筑，它的南侧有一座已经坍塌的小金字塔，东侧则是太阳船坑、哈夫拉的葬祭殿与山谷神庙。葬祭殿和山谷神庙之间由一条长达494米的堤道连接，著名的狮身人面像就坐落在这条堤道的北侧。另外，哈夫拉金字塔的附属建筑中有至少70尊真人大小的哈夫拉雕像——其中大部分可能都被后来的拉美西斯二世据为己有。

孟卡拉金字塔（“孟卡拉是神圣的”）

地址：吉萨

原始高度：65米

底部边长：长104.6米、宽102米

总体积：23.5万立方米

建筑仰角：51°20′

哈夫拉之子孟卡拉的金字塔位于哈夫拉金字塔的西南方向上，孟卡拉金字塔的尺寸相比前几任国王的金字塔要小得多，同时也是吉萨三大金字塔中最小的一座，体积仅与最早的左赛尔金字塔相持平，这可能是古埃及第四王朝连续修建大型金字塔、导致国力严重衰退的一个直观体现——事实上，也正是从孟卡拉这座金字塔开始，之前兴起的大型金字塔热开始逐渐退温，后来的国王们为自己修建的金字塔普遍较小，直至金字塔建筑被新王国时期开发的国王谷墓葬取代为止。

孟卡拉金字塔同样用石灰石块建造金字塔的核心主体，并使用开采自阿斯旺的花岗岩和来自图拉的白色石灰石修建外壳。孟卡拉金字塔底部的16层都使用花岗岩外壳覆盖，但绝大部分都已经自然损毁或被后人拆毁，仅金字塔入口处的残余外壳中嵌有少量未加工打磨完成的粗糙花岗岩块，这是因为孟卡拉的去世而不得不加快工期，也为现代还原当时的石材加工技术留下了可供参考的实证。

孟卡拉金字塔内部结构

孟卡拉金字塔内部结构非常简单，它的主墓室位于金字塔底的基岩之中，一条从金字塔底层进入并倾斜向下的通道直接与通往国王墓室的水平通道相连接，经过前厅后进入国王墓室。考古学家在前厅发现了刻有孟卡拉王名的木制棺材，棺材中发现了部分骸骨，但据碳14年代测定结果，其年代远远晚于古王国时期，显然并非孟卡拉的遗骨，可能是晚王国时期的舍易斯王朝试图修复时所采用的替代骸骨，这具木制棺材的棺盖如今被收藏于大英博物馆。

国王墓室内有一条通往金字塔底的上升通道，入口位于进入国王墓室的水平通道上方，这条通道倾斜向上进入金字塔底层的一处封闭空间，最初发现这一空间的霍华德·维斯（Howard Vyse）在这里找到了一具古王国时期的玄武岩石棺，并在里面发现了一具女性遗骨，当霍华德·维斯试图将这具石棺运回英国时，他所搭乘的“比阿特丽

复原的狮身人面像

斯号”于1838年10月13日沉没于马耳他至卡塔纳赫之间的地中海海域，这具石棺随船沉没。另外，国王墓室还有一条垂直向下的通道，通向下层的几处不大的空间，原本可能用来储放随葬品，但是同样被洗劫一空。

许多证据都表明孟卡拉金字塔的完工十分匆忙，例如他的金字塔附属建筑群中的葬祭殿使用花岗岩和石灰石建成，一些墙壁上还进行了装饰，但同属于他的山谷神庙则仅用石灰石铺设了地基，剩余部分则使用简单易得的烧制泥砖匆忙建成。同时他的葬祭殿铭文也表明是孟卡拉的儿子谢普赛斯卡夫国王所留下的纪念物，周围的其他建筑物更是在随后的第五、第六王朝陆续修建完成的。

狮身人面像，摄于2018年

狮身人面像（“地平线的荷鲁斯”）

地址：吉萨

高度：20.22米

长宽：身长57米，加上双爪全长73.5米，身体最宽处19.3米

材质：石灰石

除三大金字塔外，吉萨地区最引人瞩目的就是位于哈夫拉金字塔东边的狮身人面像。四千多年来，它作为世界上最早的大型纪念雕像一直静卧在连接着哈夫拉葬祭殿与哈夫拉山谷神庙的堤道北侧，与哈夫拉的山谷神庙毗邻。因此，埃及学家普遍认为下令修建这座巨型雕像的就是哈夫拉国王，但由于狮身人面像本身并没有留下任何铭文，因此尚无从得知其所有者的确切身份和其本身的名称。

图特摩斯四世与记梦碑

吉萨高原远眺，摄于 2018 年

进入新王国时期，古埃及人将这尊狮身人面像称为“地平线的荷鲁斯”，这是它目前已知最早的专属名称。进入托勒密王朝，希腊人则按照希腊神话中热衷给行人出谜的狮身鹰翼怪物的名称，将其称为“斯芬克斯”并一直延续至今，而现代阿拉伯人则称之为“恐惧之父”。

狮身人面像造型为一头面向东方、卧于地面双爪平伸向前的巨型狮子，头部则为戴着奈梅斯头巾的国王头像。其身体和头部的整体材质为石灰石，一些埃及学家认为它的身体和头部源于天然形成的风蚀岩脊，后经古埃及的工匠们雕刻成形，向前伸出来的双爪则由石砖垒砌而成。另外，考古人员在狮身人面像的身体上发现了大量曾经着色的痕迹，其中较多处为红色、蓝色和黄色，但由于自然风化，如今的狮身人面像外观呈现自然材质的土黄色。

将国王表现为动物形态是古埃及一种常见的宗教艺术表现手法。目前，已知最早的狮身人面像是由哈夫拉的哥哥、前任国王雷吉德夫为他的王后下令雕刻的，之后的古埃及人一直将这种雕塑形式保持到了托勒密时代，中王国和新王国时期的许多国王都留下了带有自己面容的狮身人面像。

由于长时间的风沙侵蚀，狮身人面像的面部如今已模糊不清，鼻子部分更是遭到人为破坏（近年对狮身人面像的深入检查发现人面像的鼻子部分曾遭人用凿子切入，具体时间段为公元3世纪至10世纪之间），胡须部分也已完全脱落。而狮身人面像的身体部分受到风沙侵蚀，出现了明显的结构性损坏，尤其是较细的脖子部分更是出现了多道裂痕。为此埃及政府不得不在1926年使用混凝土对狮身人面像的脖子部分进行修复，并在1990年时再次进行大规模修复，以避免狮身人面像的脖子处断裂。

如今在狮身人面像的两腿中间，还能看到一块竖立的花岗岩石碑，这就是新王国时期著名的记梦碑。记梦碑是图特摩斯四世为了纪念自己梦到狮身人面像请求他帮忙清理掩埋的黄沙而立。有趣的是，尽管这块石碑出土时文字就已残缺不全，但著名的英国科学家托马斯·杨在检查这块石碑时曾经看到上面刻着疑似哈夫拉王名的残缺文字，这可能是证明狮身人面像属于哈夫拉的关键性证据。但埃及科学家们在1925年对石碑再次进行清理检查的时候，这部分残缺的文字也彻底脱落不见了，成了一个无从考证的历史谜团。

另外，在狮身人面像的东边，有专门为供奉这座狮身人面像而修建的神庙的遗迹，修建这座神庙所用的石材全部来自狮身人面像的加工剥离物，但这座神庙并未完工就被放弃了，没有留下任何与狮身人面像有关的信息。

吉萨金字塔群除了闻名世界的三大金字塔和狮身人面像外，还有8座王后金字塔，其中包括位于胡夫金字塔东南角的海泰菲丽丝一世金字塔（G1-a，斯尼夫鲁之妻）、美丽提斯一世金字塔（G1-b，胡夫之妻）和荷努特森金字塔（G1-c，胡夫之女，也可能是一位王后）以及一座如今已经坍塌无存的不知名王后的小金字塔(G1-d)，位于哈夫拉金字塔以南的肯特考斯一世金字塔（G2-a，哈夫拉之女，先后嫁给谢普赛斯卡夫和乌瑟卡夫两位国王），以及位于孟卡拉金字塔以南的三座无法确定墓主身份的王后金字塔（G3-a、G3-b、G3-c），不过这些金字塔体积都比较小，并且因为年久失修而残破不堪。

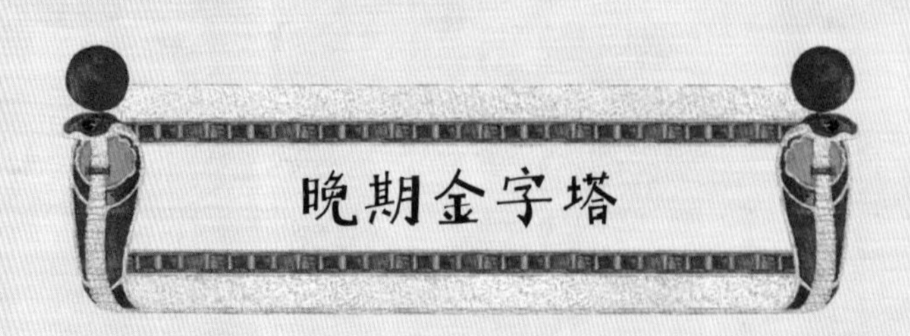

晚期金字塔

吉萨金字塔群体现了金字塔时代盛极转衰的全过程，在这之后，尽管国王们仍在各地营建金字塔式墓葬，但是这些金字塔的尺寸普遍不大，所使用的建筑材料和建设投入也远不如第四王朝，因此大多已坍塌湮灭，仅有少数还保留着完整的外形。这些金字塔多集中于阿布西尔、萨卡拉、代赫舒尔等地。

阿布西尔位于吉萨和萨卡拉之间，当地已发现14座金字塔，其中大多数是第五王朝时期修建的。这些金字塔的尺寸普遍较小，所使用的也都是从本地采集的石灰石，这些金字塔的保存状况都不理想，很大一部分已经完全坍塌成土丘。当地比较著名的金字塔包括萨胡拉金字塔（高47米）、奈菲尔卡拉金字塔（高52米，原计划高72.8米）和纽塞拉金字塔（高51.6米）。

萨卡拉地区已发现17座金字塔，其中最古老的几座属于第三王朝，其余的都修建于第五王朝和第六王朝。除了最早的左赛尔阶梯金字塔外，还包括因最早的金字塔铭文而著称的乌纳斯金字塔（高43米，已坍塌）和古王国时代修建的最后一座金字塔——佩皮二世金字塔（高52.4米）。

代赫舒尔地区除了斯尼夫鲁的弯曲金字塔和红色金字塔外，还有修建于古埃及中王国时期的几座金字塔，其中较知名的有第十二王朝的阿蒙尼姆赫特二世的白色金字塔（完全损毁）和阿蒙尼姆赫特三世的黑色金字塔（高75米）。另外，这里还有几座第十三王朝修建的金字塔，它们损毁严重，至今没有进行过大规模探测。

进入动荡的第二中间期，由于连年战乱，古埃及的国王们很少再有精力和财力来为自己修建金字塔。目前已知的埃及境内最后一座金字塔，是新王国的开创者阿赫摩斯一世在阿拜多斯地区为自己修建的。

阿赫摩斯金字塔

地址：阿拜多斯

原始高度：40米

底部边长：52.5米

总体积：3.7万立方米

建筑仰角：60°

这座金字塔的建造工艺非常简陋，其内部用沙子和碎石堆砌而成，外壳则使用石灰石板来固定形状，导致这座金字塔的结构非常不稳定，如今已坍塌为仅剩10米的废墟。阿赫摩斯一世显然没有打算把它当作自己的墓葬，无论是地下还是塔内都没有预留墓室的空间。

吉萨马斯塔巴墓葬群

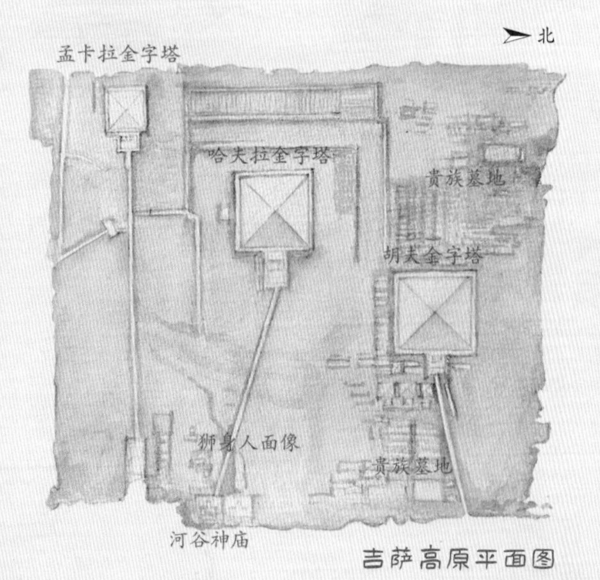

吉萨高原平面图

除了三大金字塔和狮身人面像外，吉萨高原上还有数量众多的王室成员和贵族官员的马斯塔巴墓。这些第四王朝的墓葬主要分布于胡夫金字塔的东面和西面，在胡夫金字塔的南面也有少量分布。其中东面的墓葬区以胡夫国王的家族成员为主，其中较为知名的墓葬主人包括胡夫之

乌纳斯金字塔铭文

母海泰菲丽丝一世（G7000X，她的空棺材和随葬品被发现于地下竖井中），胡夫的妹妹妮菲特考一世（G7010），胡夫早逝而未能继承王位的长子卡瓦布（G7110），胡夫的女儿、先后嫁给卡瓦布和雷吉德夫国王的海泰菲丽丝二世（G7350），胡夫的儿子、哈夫拉国王时期的大臣明哈夫一世（G7430）等。西面的墓葬区则多是胡夫时代的贵族官员以及第五、第六王朝时期的官员，其中较为知名的墓葬主人包括胡夫的女婿安赫特霍特普（G1208），胡夫之子、胡夫金字塔设计师赫米努（G4000），以及第六王朝的侏儒大臣塞纳布（G1036）等。

工匠村

修建金字塔是一项旷日持久的浩大工程，期间如何保障数以万计的工人们的衣食住行，是金字塔的规划者需要认真考虑的问题。在哈夫拉金字塔和孟卡拉金字塔东南面的防护石墙外，就有专门为修建金字塔的工人们营建的“工匠村”。

在工匠村最繁荣的时期，这里能够同时容纳一万名工人和后勤人员在此常住，其中大部分是熟练工人和技术工匠，但也有相当一部分数量的医生、面包烘焙工、酿酒工和挑水工常年居住于此，其中一些很可能是由工人的家庭成员兼任的。

从现存的遗址可以看出，工匠村的公共设施比较完善，有集体住房、手工作坊、仓库、厨房、酿酒坊、医院和墓地等，可满足工人们生活中的各种需求。这些在当时可能并不起眼的区域留下了大量人员工作、生活的痕迹，能够让现代考古学家们一窥金字塔时代古埃及平民劳动者和普通工匠们的真实生活场景。

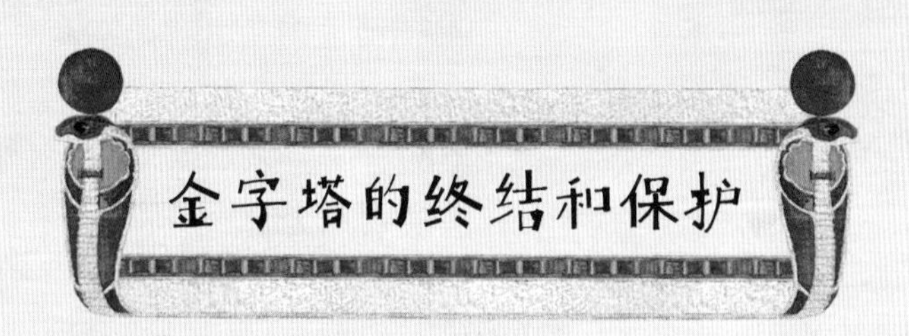

金字塔的终结和保护

新王国时期的国王们已经不再热衷金字塔这种建筑规模庞大、却无法起到防盗作用的墓葬建筑，阿赫摩斯一世的女婿图特摩斯一世就派自己的大臣伊涅尼在首都底比斯对岸的山谷中修建地下墓葬，也就是后来著名的古埃及国王墓葬群——国王谷。自从国王谷开始兴建，金字塔这种建筑形式就在埃及境内彻底消失了。

有趣的是，到了后王国时期，来自努比亚的库什王朝占领了上埃及，努比亚国王们对这些古老的金字塔建筑产生了浓厚的兴趣，他们也开始在努比亚境内为自己修建金字塔。如今苏丹境内的金字塔数量多达180座，数量上要远远超过埃及境内的118座金字塔，不过，努比亚金字塔的规模都远比古埃及的金字塔要小，其保存状况也普遍堪忧。

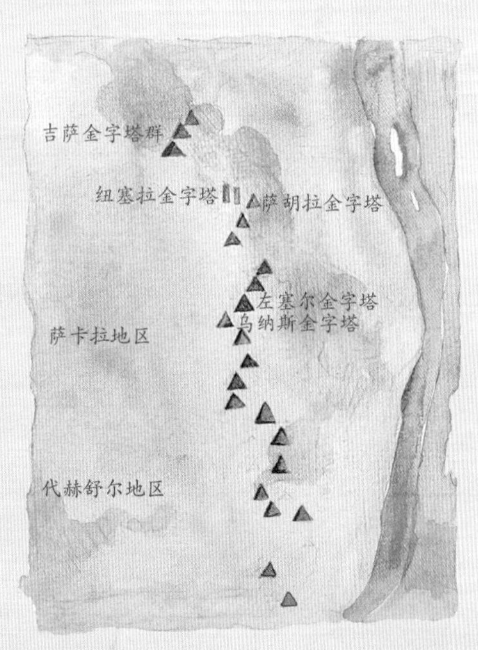

金字塔地形图

近年来，由于国际旅游业的兴盛，埃及政府开始重视境内金字塔的保护和修缮工作，例如从2006年到2020年对左赛尔阶梯金字塔进行的大规模修复（虽然一度因为违规操作而被联合国教科文组织视为负面典型），但目前埃及金字塔依然面临着严峻的安全问题，主要是盗墓和人为破坏。

古埃及时期就发生过多次针对金字塔的盗墓破坏活动，许多金字塔都遭到了盗墓贼的劫掠，他们大肆破坏墙体寻找所谓的密室和随葬品，并将国王的棺椁和遗骨摧毁殆尽。与此同时，尽管古埃及王室对金字塔进行了一定的保护修复，但是官方主持的破坏行动也屡见不鲜，例如拉美西斯二世就曾经命人剥除一些金字塔表面的花岗岩和白色石灰石，用来修建自己的建筑物，并将哈夫拉等国王的雕像抹掉名字据为己有。

古埃及灭亡之后，对金字塔的掠夺更是发展到了肆无忌惮的程度，许多金字塔的石砖被当地居民源源不断地拆下运走，用来修建其他建筑物，例如雷吉德夫金字塔，这位胡夫之子、哈夫拉之兄为自己修建的金字塔原高67米，由于靠近路口而被人彻底拆毁，如今仅剩11.4米高的残垣断壁。

对金字塔造成最严重破坏的当属阿尤布王朝苏丹阿齐兹·奥斯曼在公元1196年主持的对孟卡拉金字塔的拆除工程，他派工人从金字塔的北坡开始拆除，但由于金字塔的层叠结构，拆除工作比建设工作还要困难得多，数百名工人徒劳无功地忙碌了8个月后，最终

不得不放弃。这次破坏行动在孟卡拉金字塔的北坡留下了一道垂直的深切口。

进入19世纪，法国、英国等殖民国家轮番占领了埃及，许多金字塔就是在这一时期遭到了欧洲探险家毁灭性的破坏。例如为了探索胡夫金字塔国王室上方原本封闭的四个泄压室，一些欧洲探险家用火药连续将每一层泄压室的花岗岩室顶强行炸开，导致泄压室遭受了不可逆的结构损伤；探险家霍华德·维斯为了寻找孟卡拉金字塔的墓室，更是直接用炸药对阿齐兹·奥斯曼留下的切口进行了多次爆破，直到他发现墓室并不在这里时，才停止了这次破坏行动；这一时期，吉萨金字塔建筑群中有许多古代遗迹被暴力发掘而被彻底破坏，大量雕像、装饰物被掠往欧洲各大博物馆。

埃及现存的金字塔总共有118座，但或许还有很多金字塔由于坍塌风化而未被人们发现，因此在未来的考古发掘过程中，考古学家们依然可能会发现未知的金字塔——例如在2006年到2008年的发掘工作中，考古学家们就在萨卡拉北部发现了第六王朝国王特提一世的母亲赛希希特王后（*Sesheshet*）的金字塔（建成高度14米，现存5米）。这座金字塔早在1842年就曾被编入卡尔·莱普修斯编撰的“莱普修斯金字塔列表”之中，被称为第29号“无头金字塔”，但很快就又被沙漠掩埋而下落不明，直至2008年再度被发掘出来。

王家长眠谷

随着金字塔时代的终结，古埃及的国王们迫切需要一种能够取代金字塔、同时又能够保证安全性和隐蔽性的王室墓葬形式。在成功驱逐了喜克索斯人之后，新王国所开创的繁荣安定的环境让这种尝试成为可能。第十八王朝的第三位国王图特摩斯一世命令大臣伊涅尼在与首都底比斯隔尼罗河相望的山谷中修建自己的陵墓。很快，伊涅尼就选中了后来因为埋葬了众多古埃及国王而享誉全球的国王谷。

国王谷的自然环境

国王谷位于尼罗河西岸的库尔恩山附近的山谷中。这里的山谷地形是在更新世时期由石灰岩、不连续的伊斯纳页岩层和沉积岩在流水侵蚀作用下形成的，因此该地区地质结构分层较明显，便于挖掘地下墓室；同时这片山谷中有较多狭长的分支山谷，能够满足国王陵墓所需的隐蔽性；另外，此处被西部沙漠环绕，气候炎热干燥，降水极为稀少，有利于国王陵墓和木乃伊的保存。

除了自然环境因素外，伊涅尼将国王墓地选址于此的主要原因有四点：

第一，从国王谷入口处看向这片山区的最高点——库尔恩山，这座高460米的山峰呈棱锥形，外观如同一座天然的金字塔，被古埃及人称为“尖顶”（t-dhnt），满足了古埃及人对金字塔建筑的向往，以及对创世神话中的原始土丘的崇拜。

第二，库尔恩山的山顶附近有一处数米高的凸出板状岩石，与古埃及人崇拜的眼镜蛇的颈部类似，被视为国王谷的守护神——眼镜蛇女神麦丽特塞盖尔（Meretseger）的化身。

德尔巴赫里山谷神庙分布图

1. 哈特谢普苏特神庙
2. 图特摩斯三世神庙
3. 拉美赛德神庙
4. 图特摩斯三世神庙
5. 拉美西斯二世神庙
6. 图特摩斯二世神庙
7. 阿伊与霍伦海布神庙
8. 拉美西斯三世神庙
9. 阿蒙霍特普三世神庙与门农巨像
10. 麦地那工匠村
11. 卡纳克神庙
12. 卢克索神庙

棱锥形山峰

第三，这座山谷位于尼罗河西岸，距离第十七王朝的传统王室墓葬区德拉阿布埃尔-纳加（Dra' Abu el-Naga'）非常近，非常适合作为王室墓葬区。

第四，国王谷周边视野开阔，可以居高临下环顾整个国王谷，只需要布置少量警卫人员即可监视整个山谷的风吹草动。在图特摩斯三世墓上方的悬崖上，至今还残留着古埃及时期的守墓人员居住的小屋遗址。

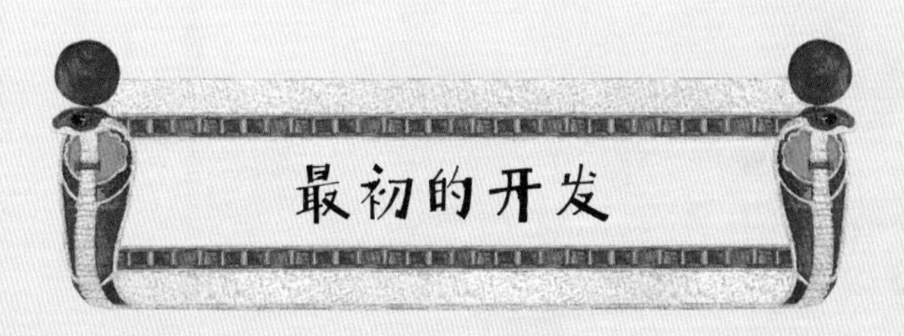

最初的开发

伊涅尼主持了国王谷的开发，麦德查人卫队也被派遣至此承担警戒任务。整个开发过程都是在极度秘密的情况下进行的，伊涅尼在自己的墓葬铭文中骄傲地宣称“我（被派去）亲自挖掘国王的墓室，没有任何人看到，没有任何人听到”，直至这座墓室最终完成。

伊涅尼在开发图特摩斯一世墓（KV20）时似乎没有事先做过规划，而是根据墓道、墓室所经过的不同岩层来确定下一步的走向和位置。由于国王谷地层结构复杂，为了保证墓葬的结构稳定，伊涅尼让墓道和相连的墓室在向下挖掘的过程中不断转向，避开那些不稳定的地下岩层（例如遇渗水会膨胀变形的页岩层），以此保证墓葬地下结构的安全。这让整个KV20墓呈现长达210米的顺时针弯曲结构，由不断转向下降的墓道和前厅、墓室组成。后来这座墓经过哈特谢普苏特进一步开发，又向下延伸出一间带立柱的墓室和三间侧室，变成了她和父亲图特摩斯一世的合葬墓。

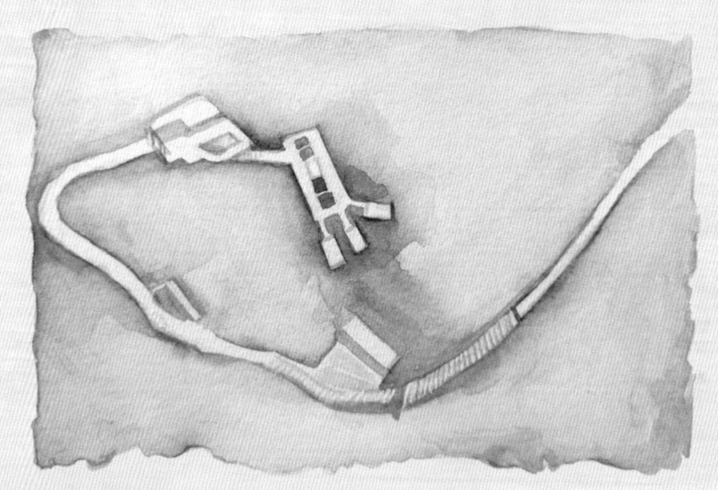

KV20 平面图

圣书体“真理之地”

伊涅尼在建造了图特摩斯一世的墓葬（KV20）之后，又参与了女王哈特谢普苏特在国王谷外修建的葬祭殿的设计，最后于哈特谢普苏特任期内去世。伊涅尼的墓葬铭文对这位女王赞誉有加，也成了少数没有被图特摩斯三世破坏的对女王的记载之一。

国王谷与德尔巴赫里俯瞰，摄于2018年

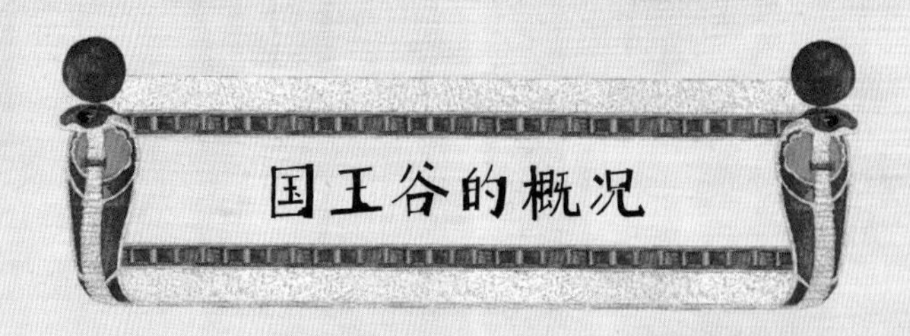

国王谷的概况

自伊涅尼在国王谷的东谷开发了图特摩斯一世墓之后，其后的历代国王都在此处修建自己的墓葬，一直到公元前1075年的拉美西斯十一世墓为止，跨度达464年，几乎贯穿了整个新王国时期。

国王谷在古埃及时期的名称是“生命、力量、健康，底比斯西部百万年的国王的伟大墓地”（The Great and Majestic Necropolis of the Millions of Years of the Pharaoh, Life, Strength, Health in the West of Thebes），这显然是个过于正式的官方名称，因此在大多数时候，古埃及人都将其简称为“伟大之域”（st aAy）。

值得强调的是，国王谷中只有24座坟墓为国王所有，其他墓葬则分别属于王室成员和贵族官员，还有几座是未投入使用的空墓或储物间，以及用来埋葬动物木乃伊的洞穴（例如KV50、KV51、KV52，里面有狗、狒狒、鸭子和圣鹮等动物的木乃伊）。

国王谷包括东、西两处山谷，其中东谷开发较早也较为完善，该区域目前已发现的墓葬有61座，这些墓葬被统一赋予了“KV”的编号，另有4座墓葬位于国王谷的西谷，被赋予了“WV”的编号。

KV39
KV15
KV33
KV42
KV38
KV14
KV37
KV32
KV13
KV31
KV59
KV47
KV26
KV36
KV35
KV30
KV53
KV52
KV50-51
KV40
KV29
KV49
KV48
KV61
KV12
KV57
KV17
KV16
KV11
KV10
KV58
KV8
KV56
KV55
KV9
KV6
KV62
KV7
KV5
KV46
KV3
KV2
KV1

国王谷墓穴分布图

最早对国王谷进行编序工作的是英国的约翰·威尔金森，他于1821年至1832年定居于埃及，并于1827年接受委托将国王谷每一处已发现的墓葬入口位置描绘出来。他在测绘过程中同步进行了编号的工作，将距国王谷入口最近的拉美西斯七世墓定为KV1号墓，一直排到当时国王谷东谷已知的最后一座墓KV21（墓主不详），之后他又将原本单独排序的国王谷西谷的四座墓接着这个顺序排列了下去，也就是现在的WV22～WV25号墓。

在这之后，考古学家们在威尔金森的编号工作基础上，对之后发掘的国王谷墓葬按照出土先后顺序进行了排列，从KV26（墓主不明）一直排列到2011年新发现的KV64号墓（属于阿蒙女歌唱家尼赫美斯·巴斯特），以及一座目前正在勘探发掘中的墓室KV65。

国王谷内的坟墓位置分布有着鲜明的年代顺序特征：越早的坟墓离国王谷中心区域越远，同时入口位置也低于较晚的那些坟墓入口。

早期的坟墓多修建于国王谷各条分支山谷尽头的悬崖下，以便保证坟墓的安全性和隐蔽性。但由于这些沟壑尽头多为峭壁，早期坟墓的入口很快就被上方风化坍塌的山岩掩埋，于是较晚一些的坟墓就不再将坟墓建在分支山谷中，而是开始沿国王谷主山谷修建。

随着这些位于山谷较低的坟墓入口被泥石流堆积物掩埋，更晚期的墓葬就开始修建在两侧较高的山坡上。随着国王谷内的坟墓越修越多，坟墓层叠甚至两处墓葬之间互相打通的情况开始出现，到了后期，国王谷的坟墓几乎都修在了山谷的入口附近。

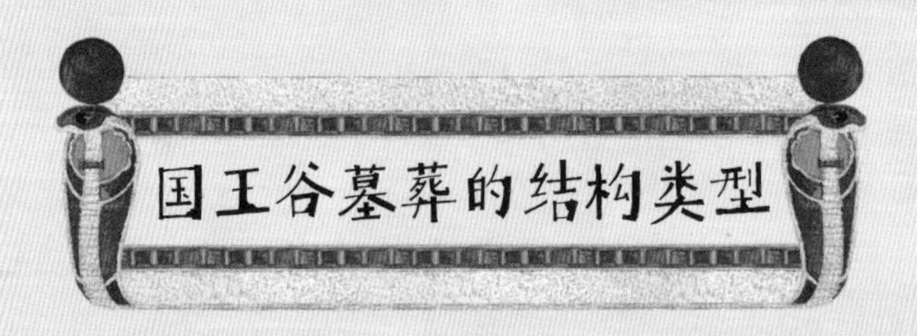

国王谷墓葬的结构类型

国王谷的墓葬结构并不像金字塔那样有着固定统一的建筑模式，墓道的走向和墓室的位置都会因不同的地层结构而改变。但同一时期的坟墓都有着大致相同的整体结构布局，其中较常见的有第十八王朝时期的“弯曲轴”结构，阿赫那顿宗教改革时期出现的

“啮合轴”结构，以及第十九王朝末期到第二十王朝末期兴起的“直轴”结构。

① 弯曲轴

弯曲轴的坟墓结构起源于图特摩斯三世时期，它借鉴了伊涅尼在坟墓墓道下降的过程中不断转向的布局，通过倾斜向下的长墓道贯穿多间大厅最终通往墓室，其间至少有一条墓道和前面的墓道呈直角，实现地下墓室结构的大角度转向。一些埃及学家认为这种曲折的结构可能是在模仿神话中太阳在夜间进入冥界的过程，也有考古学家认为这是为了避免山谷洪水或塌方物沿着倾斜墓道流下直接破坏墓室。其典型代表为图特摩斯三世墓（KV34）、阿蒙霍特普二世墓（KV35）、图特摩斯四世墓（KV43）以及西谷的阿蒙霍特普三世墓（WV22）。

KV34平面图

② 啮合轴

啮合轴是从国王谷最早出现的弯曲轴向后来第十九王朝兴起的直轴演变的一种过渡结构，其主要特征就是原本大角度转向的墓道消失不见，转变为连接入口和战车大厅的前段墓道以及连接战车大厅与墓室的后段墓道之间产生错位，形成了两条近乎平行的轴线，因此被称为啮合轴。这种变化最早出现于阿赫那顿宗教改革时期，在阿玛尔纳地区的墓葬中较为常见，在重新迁都回到底比斯之后，该时期修建的墓葬也保留了同样的风格，其中比较著名的有霍伦海布墓（KV57）和塞提一世墓（KV17）。

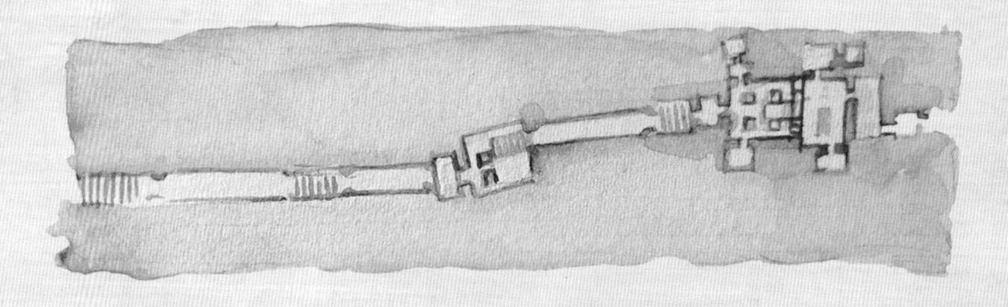

KV57平面图

③ 直轴

阿玛尔纳式墓葬的啮合结构已经具备了直轴结构的雏形，但是其墓道的错位让墓室和入口不在同一轴线上。到了第十九王朝，越来越多的坟墓采用了真正意义上的直轴结构——笔直的墓道从入口穿过前厅并最终直达墓室，坟墓的入口变大，墓道也远比弯曲轴的墓道要平缓得多，实际使用面积也变得更大。最早使用这种墓室结构的是第十九王朝的创建者拉美西斯一世（KV16），但是他的几位继任者并没有继续使用这种结构，一直到第十九王朝末期，直轴结构的坟墓才成为国王谷的主流，其中比较著名的有美伦普塔赫墓（KV8）、塞提二世墓（KV15）和西普塔赫墓（KV47）。

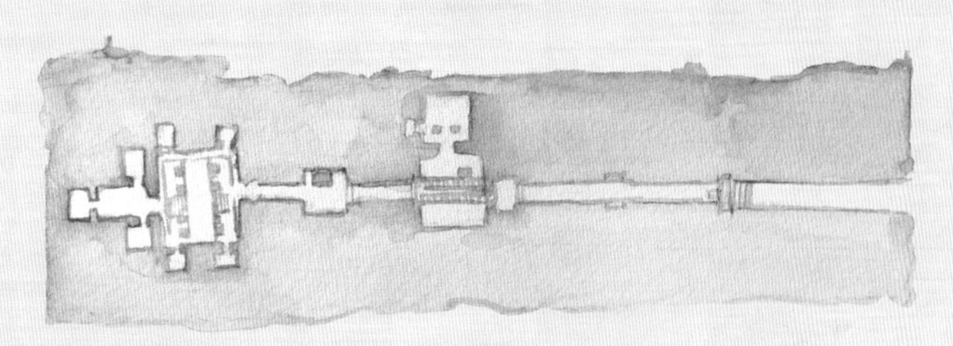

KV8平面图

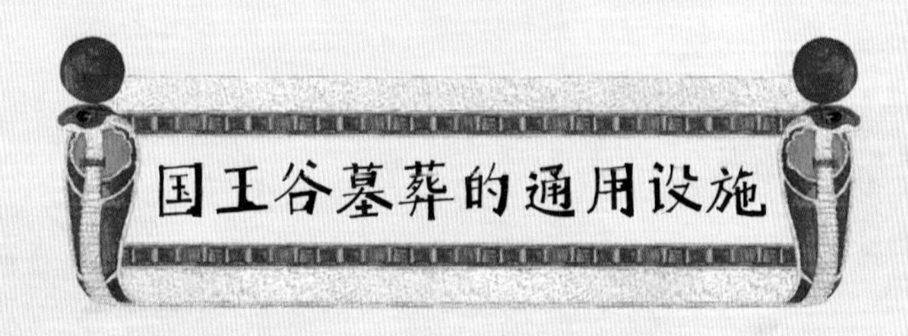

国王谷墓葬的通用设施

尽管每一座墓葬在布局上都不完全相同，但绝大多数墓葬都保留着一些常见的功能结构。

① 墓门

国王谷的绝大多数墓葬都修建有用来保护墓葬安全的墓门，墓门不仅被应用于墓葬的入口处，在坟墓内部的墓道与墓道之间、墓道和墓室之间也存在着数量不等的墓门。这些墓门多使用木板或石板制成，它的尺寸和样式也随着墓道的尺寸而变化，一些墓门上还保留着使用水平滑动的门闩的痕迹。

这些墓门在建设时通常会考虑未来国王棺椁的尺寸以便其顺利通过，但第十九王朝的美伦普塔赫去世之后，由于他的棺椁尺寸实在太大，无法穿过已经修好的墓门，搬运者们不得不强行拆毁了墓门才将棺椁顺利搬入，之后再使用石砖重新垒砌了新的墓门。

墓门

②墓道

墓道是国王谷墓葬连接入口和不同墓室间的狭长通道，是国王谷中所有墓葬都具备的基础结构，其数量根据墓葬的布局而变化。早期坟墓的墓道多利用石灰岩层中天然形成的裂缝，因此普遍狭小，加上当时多采用不断下降的弯曲轴结构，导致这一时期的墓道坡度普遍较大。到了后期，国王谷坟墓多采用直轴结构，墓道的坡度也随之变缓，甚至变为水平通道。

大多数坟墓的墓道都没有进行过装饰，仅对地面和墙面进行了磨平处理，有些较为精致的墓葬会在墙壁上涂抹灰泥，仅有极少数的墓葬对墓道墙壁进行了涂绘装饰。

③竖井室

国王谷的绝大多数坟墓中都可以看到竖井结构的存在，它位于入口和战车大厅之间，通常以被称为“竖井室”的房间形式出现。竖井室的地面会整体下降几米，有的竖

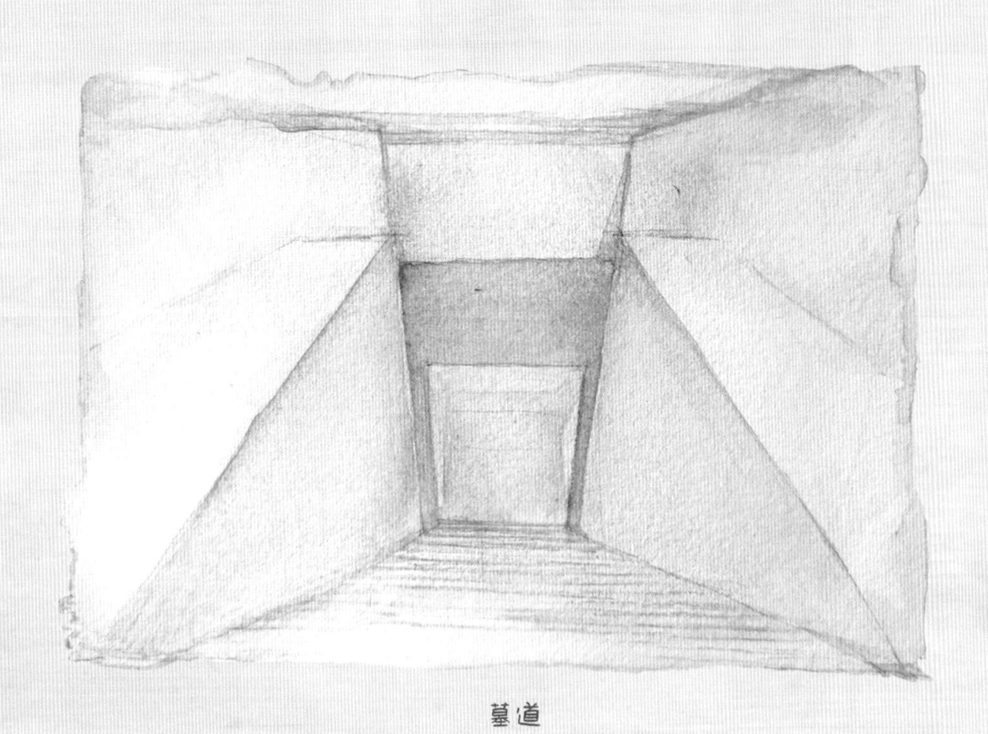

墓道

井室还会在底部四周的墙壁上挖掘出侧室来扩大它的储存空间。考古学家认为竖井室是用来承接可能会沿着倾斜墓道进入墓室的渗水或坍塌物，以保护后方墓室的安全，这让竖井室成为国王谷坟墓的固定结构。即使到了后期，许多较为平缓的直轴墓葬并没有挖掘竖井，但依然保留了竖井室的位置。一些坟墓的竖井室往往会使用国王站在众神面前的壁画来装饰。

当然，竖井的存在并不一定能确保坟墓内部的安全，例如拉美西斯二世墓（KV7）就因为多次遭受泥石流的冲击，挖掘的竖井最终被淤积物填满，随后流入的泥石流直接冲进了墓室深处，造成坟墓的大面积破坏。

④ 立柱墓室

国王谷大多数墓葬都修建有带有不同数量立柱的房间，通常包括“战车大厅”和“黄金大厅”。这些房间的立柱数量会根据墓室的情况而变化，它们通常成对成排分

立柱墓室

布，用来支撑上方岩层的压力，保证较大跨度的地下墓室的稳定。由于修建立柱的空间往往都是经过装饰的重要房间，因此这些立柱表面也会被涂绘装饰。

其中位于前方的立柱房间通常被称为“战车大厅”，这是现代考古学家赋予它的名称，是指这个房间的大小足够放下一辆古埃及时期的战车，但实际上国王谷坟墓中出土的四辆古埃及战车都不是在这一区域发现的。“战车大厅”可能是用来放置随葬品的储藏库，同时也是早期弯曲轴结构中连接变向墓道的房间。如果墓主突然去世而来不及修建后续墓室，“战车大厅”就会代替墓室用来安葬墓主的棺椁，例如拉美西斯四世墓（KV2）和阿伊墓（WV23）。

另一个存在立柱的房间是“黄金大厅”，也就是通常放置国王棺椁的墓室，它的底面形状分为矩形和圆角矩形两种。国王谷的大多数墓室都有着明显的半下沉结构——即墓室的前端地面与墓道持平，随后在墓室的中间开始出现明显的下沉，地面较低的墓室后端则作为安放墓主棺椁的区域。墓室中间的过渡区域通常修建有下沉式的台阶，台阶两旁往往修建有多对用来支撑墓室的立柱。

黄金大厅的国王棺椁

在“黄金大厅”地面较低的后端区域，工人们会在地面上开凿出两个浅坑，一个用来放置国王的棺椁，另一个则用来放置装有国王内脏的卡诺皮克罐的箱子。同时，大多数黄金大厅四周的墙壁上还会雕刻出用来展现众神故事的神龛。

⑤ 侧室

侧室存在于国王谷墓葬的各个区域，在一些分支墓道的尽头、竖井室底层的侧面或者主墓室的四周都会存在数量不等的侧室。这些侧室面积不大，通常会进行一些简单装饰，它们常被用来储藏随葬品，古埃及人将其称为“宝库”。一些小型坟墓可能仅有1~2间侧室，而像拉美西斯二世之子合葬墓（KV5）这样的超大型坟墓，它的侧室则多达150间。

⑥ 丧葬壁画

丧葬壁画是国王谷墓葬中常见的装饰元素，其题材包括《死者之书》《洞穴之书》

《门之书》等经典丧葬仪式作品中的图像和铭文，主要以死者穿行于冥界的各个区域、接受奥西里斯的量心仪式的画面为主。大多数墓葬仅对战车大厅和黄金大厅等关键区域的墙壁和立柱上涂绘壁画和铭文进行装饰，但是在一些装修比较完备的坟墓中，对墓道、竖井室和一些侧室也进行了描绘装饰。

在一些装饰精美的国王墓葬中，连墓顶上都会被精心地涂绘出《天堂之书》的场景，这是描述太阳在夜间穿行冥界全过程的宗教文献，表现了对太阳神的赞美以及希望国王能像太阳一样重获新生。

KV57 霍伦海布墓壁画拉神之舟

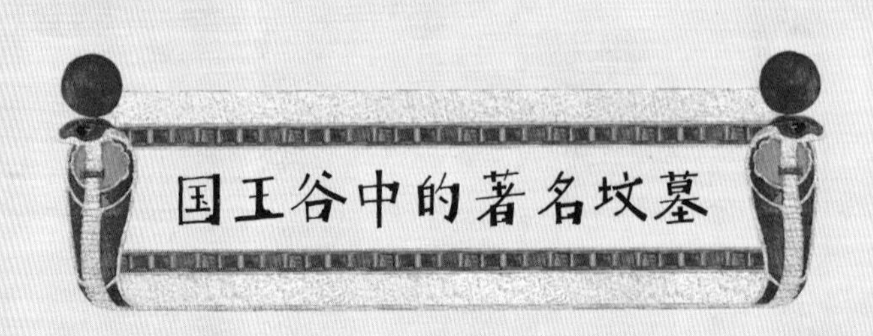

新王国时期的国王们大多都将国王谷当作自己的安息之地，其中不乏图特摩斯三世、阿蒙霍特普三世以及拉美西斯二世这些著名的国王，他们的坟墓吸引了无数埃及学家和普通游客慕名而来。

KV5：拉美西斯二世之子合葬墓

年代：第十九王朝

类型：直轴+弯曲轴

总长度：443.2米

面积：1266.5平方米

这座坟墓的入口位于国王谷主体东侧最靠近入口的位置，最初它可能属于第十八王朝某位已不可考的贵族官员，随后在第十九王朝被拉美西斯二世重新利用并进一步扩大，最终被当作拉美西斯二世子女们的合葬墓。这座坟墓虽然并非国王墓，但却是国王谷面积最大、结构最复杂的古代王室墓葬。

第十八王朝时期这座墓葬可能仅有一条墓道、一个前厅和一间多柱墓室，被拉美西斯二世重新开发利用后，工匠们不仅扩大了原本的墓室，更是在原本墓室的尽头和两侧开发出新的墓道和墓室，并进一步拓展出多条倾斜向下的墓道和房间，这让整座墓的结构变得异常复杂。这些拓展出来的墓室和墓道都附带众多侧室，迄今为止，该墓总共发现150多间侧室，随着近年来的考古发掘，这个数量还在不断增加中。

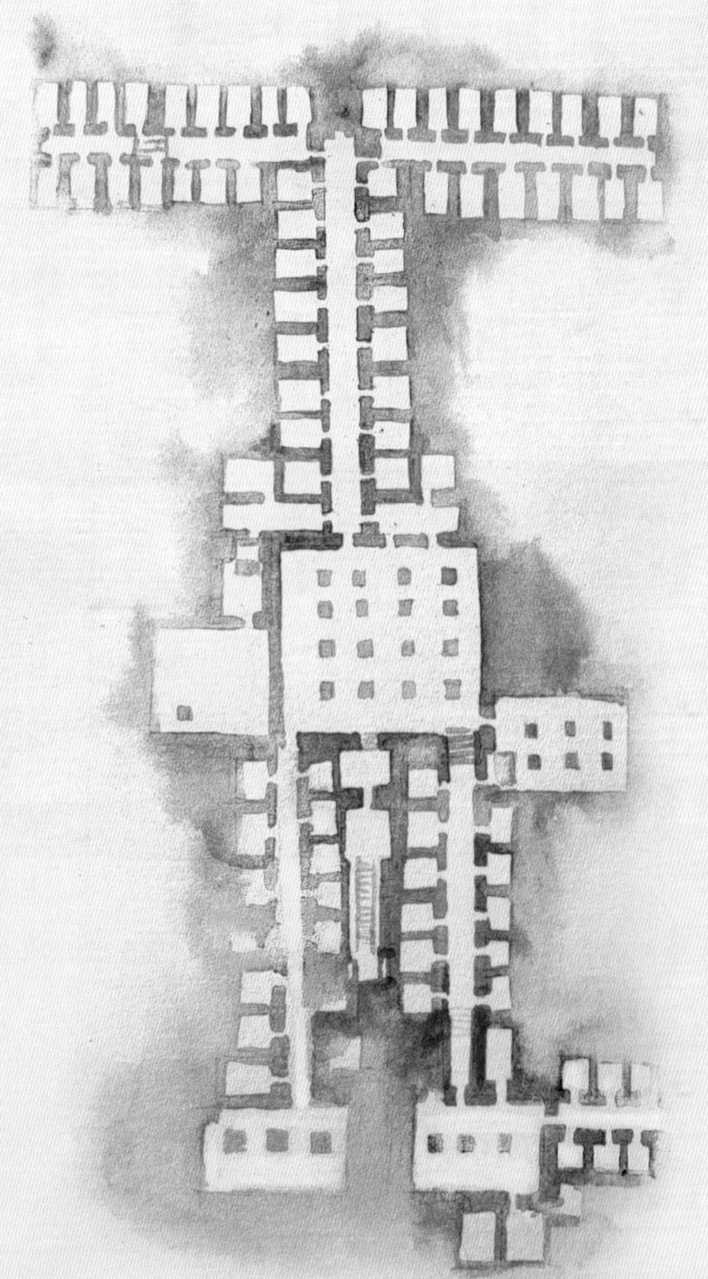

KV5 平面图

KV7：拉美西斯二世墓

年代：第十九王朝

类型：弯曲轴

总长度：168米

面积：868.4平方米

这座墓是国王谷几座较大的国王墓之一。它从入口处由倾斜向下的墓道与绘制了精美壁画的竖井室连接，随后进入战车大厅，该厅中有四根立柱，东侧的墙壁上被拓展出另一间多柱厅和一间侧室。从战车大厅中央延伸出一条倾斜向下的墓道，墓道在经过一间小房间后转向东北侧，最终进入国王墓室。尽头的国王墓室带有6间侧室，这些侧室都经过精美的装饰。

拉美西斯二世墓位于山谷中心较低处，周围降雨形成的泥石流几乎都汇聚于此。因此整座墓在历史上曾多次被泥石流侵入，这导致整座坟墓的装饰壁画都遭到了严重破坏，大量混杂着损毁壁画残片的淤积物至今还残留其中，对它的发掘工作一直持续到今天仍在进行。这座墓曾经在拉美西斯三世在位第29年的国王谷工人罢工时被两名盗墓贼打开过，后来拉美西斯二世的木乃伊在第二十一王朝时期先是被迁葬于KV17，随后再度迁葬于TT320墓。

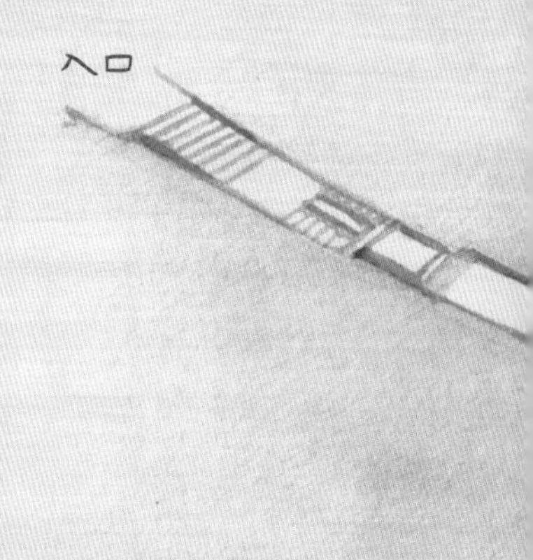

拉美西斯二世王名圈

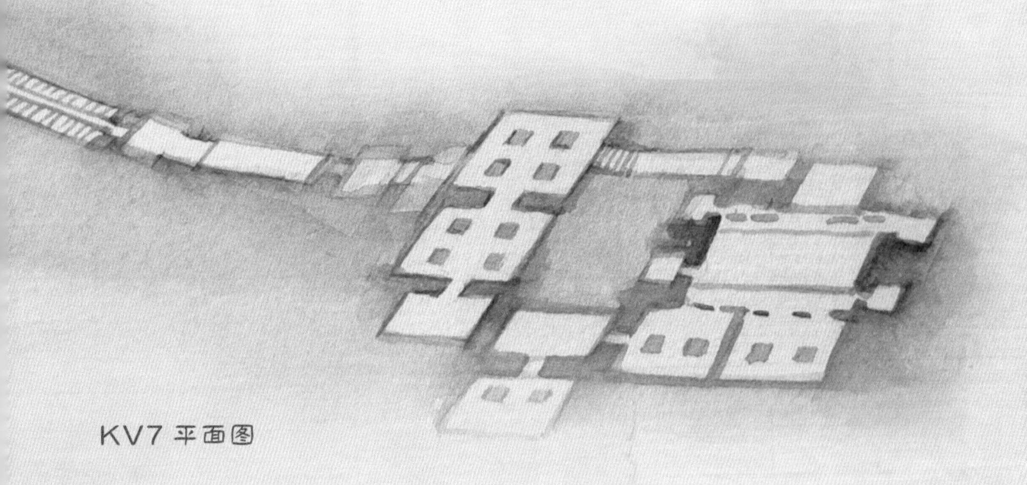

KV7 平面图

入口

KV8：美伦普塔赫墓

年代：第十九王朝

类型：直轴

总长度：164.9米

面积：772.6平方米

这座坟墓的入口位于国王谷西侧第二条分支山谷的尽头，从入口经过倾斜向下的墓道和竖井室后到达战车大厅，战车大厅的北侧开辟出了一间带有立柱的侧室，一条倾斜向下的墓道从战车大厅的中间通往一间小房间（美伦普塔赫的石棺盖子就被弃置在这里）。穿过小房间的墓道通往最后的墓室，墓室为半下沉结构，周围附带着8间侧室（这里丢弃着美伦普塔赫的另一层石棺盖子）。

和这一区域的其他墓一样，这座墓也遭到泥石流的严重损毁，它的竖井被填满，各种淤积物几乎淹没了整个战车大厅，墙壁上的壁画大部分遭到破坏。幸运的是，美伦普塔赫的木乃伊在第二十一王朝就已经被迁葬于KV35之中。

KV8 平面图

KV17 平面图

KV17：塞提一世墓

年代：第十九王朝

类型：啮合轴

总长度：137.2米

面积：649平方米

这座坟墓位于国王谷东侧第二条分支山谷。从入口经过一条倾斜向下的墓道后进入装饰精美的竖井室，竖井的下端被进一步开凿扩大。经过竖井室后来到战车大厅，战车大厅的西南方向开凿出了一间带有立柱的较大侧室。经过战车大厅后墓道轴线偏转向东，再经过一条倾斜向下的墓道进入尽头的墓室。墓室原本有两排共6根立柱，其中西侧中间的立柱已经完全损毁，该墓室共拥有5间侧室，其中东侧和南侧的两间侧室面积较大且装饰精美。国王的石棺原本放置于这间墓室的下沉式区域内，但随后被弃置于坟墓尽头一条通往未知区域的下降式墓道之中，对这条墓道尽头的探测还在进行之中。

由于塞提一世在位时间较长，同时国力强盛，因此他的坟墓的装饰极为精美，拥有众多彩绘浮雕。在国王谷最初遭到盗墓贼的劫掠时，许多国王的木乃伊先是被迁葬于此，随后和塞提一世的木乃伊一同迁葬于TT320墓中。

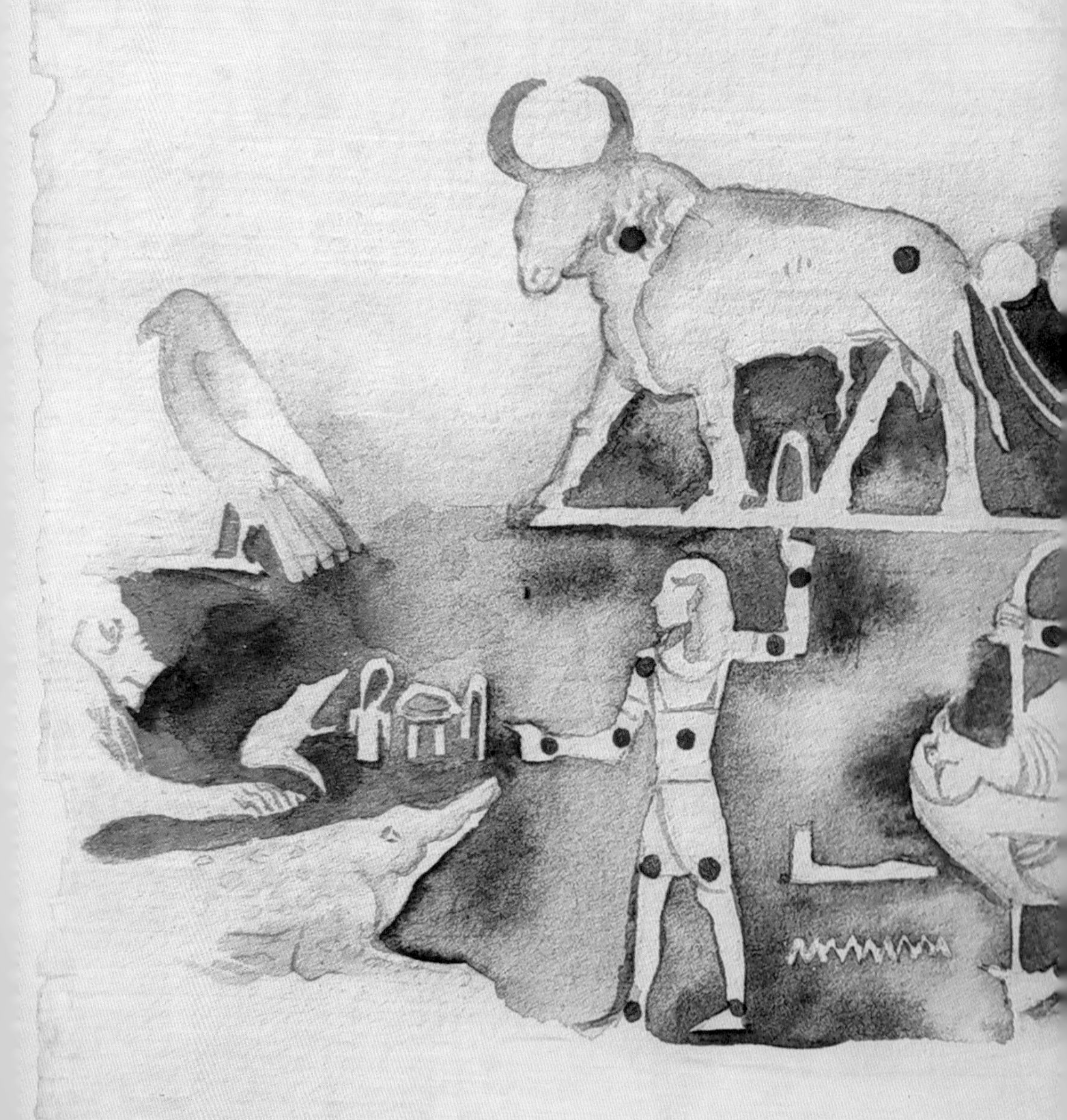

塞提一世墓拱顶天象图

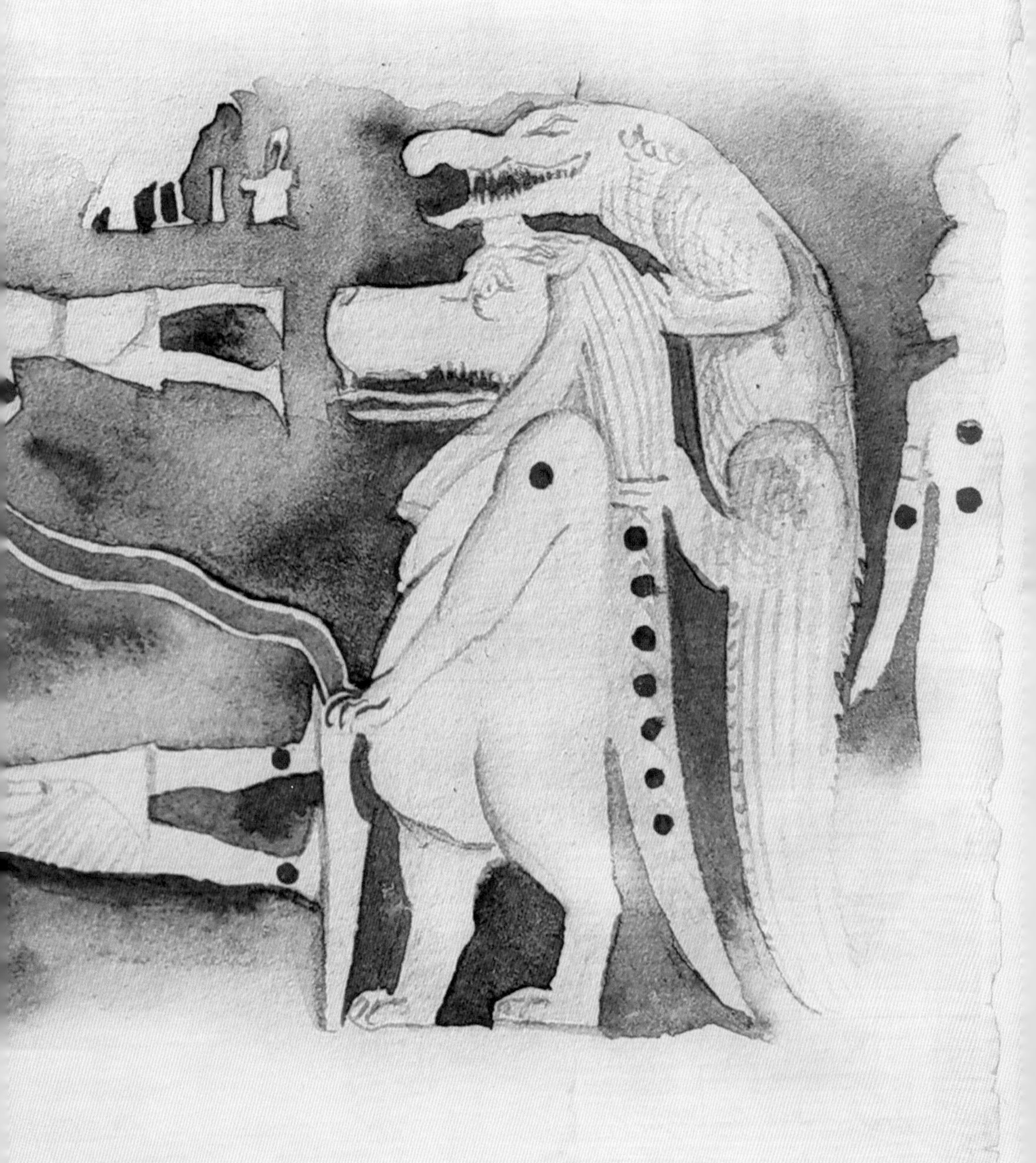

KV20：图特摩斯一世与哈特谢普苏特合葬墓

年代：第十八王朝

类型：无类型

总长度：210.3米

面积：513.3平方米

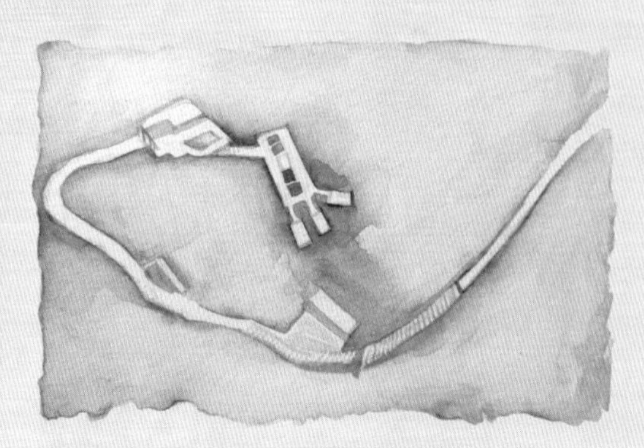

KV20 平面图

这座坟墓位于国王谷东侧第二条分支山谷的尽头，入口位于悬崖下。和国王谷绝大多数坟墓不同，作为国王谷最早开发的王室墓葬，它并不具备后来国王谷墓葬常见的结构类型，而是完全根据地下的岩层来决定墓道和墓室的走向，这让它具有独特的顺时针弯曲向下的结构特征，同时它也具备了大多数后世墓葬结构的雏形。从入口经过一条倾斜向下不断转向的曲折墓道和前厅后，进入最初的半下沉墓室，这可能是伊涅尼为图特摩斯一世规划的墓室，但随后墓室的地面被开凿出一条新的向下倾斜的墓道，进入另一间带有3间侧室的立柱墓室，现在普遍认为这是哈特谢普苏特为自己开发的新墓室。

但图特摩斯一世和哈特谢普苏特的木乃伊都没有长久地安葬于此，图特摩斯三世继位后，在附近为他的祖父建造了新的墓葬KV38，而哈特谢普苏特则被迁葬于KV60之中。

WV22：阿蒙霍特普三世墓

年代：第十八王朝

类型：弯曲轴

总长度：126.7米

面积：554.9平方米

这座坟墓位于国王谷西谷，是西谷中的两座国王墓中最大也最精美的墓葬，从入口经过一条倾斜向下的墓道进入竖井室，在挖掘出的竖井底部开凿出了一间额外的侧室。穿过竖井室进入战车大厅后，墓道在这里转向90°朝北延伸，经过倾斜向下的墓道和一间小房间后进入墓室。墓室为半下沉结构，较高处有6根立柱支撑，国王的棺椁原本放置于较低处的地面凹槽内，但如今仅剩下破碎的棺盖。墓室共有5间侧室，其中两间较大的侧室还各有一间侧室。

这座坟墓的前段结构与其父亲图特摩斯四世的墓葬（KV43）几乎相同，一些考古学家认为这座墓最初可能是图特摩斯四世开始修建的，但最终被阿蒙霍特普三世修建完成并使用。在国王谷遭到盗墓贼劫掠之后，阿蒙霍特普三世的木乃伊被迁葬于KV35之中。

WV23：阿伊墓

年代：第十八王朝

类型：直轴

总长度：60.2米

面积：212.2平方米

这座坟墓位于国王谷西谷的西侧，是国王谷西谷中仅有的两座国王墓葬之一，距离两座未完成的墓葬WV24和WV25不远。从入口经过一条平缓的墓道和一条带有台阶的陡峭墓道之后进入并未开凿竖井的竖井室，随后进入尽头带有一间侧室的墓室，这间墓室是整座坟墓唯一进行了简单涂饰的房间，在这里发现了阿伊被暴力砸碎的石棺，他的木乃伊也下落不明。

由于阿伊在位时间极短，这座坟墓最初显然不是为还不是国王的他所准备的，因此很多埃及学家怀疑这座墓原本是为斯门卡拉或者图坦卡蒙修建的。其中图坦卡蒙的可能性较大，因为他现在的墓KV62反而不像王室级别的墓葬。

KV34：图特摩斯三世墓

年代：第十八王朝

类型：弯曲轴

总长度：76.1米

面积：310.9平方米

这座坟墓的入口位于国王谷最西南角的分支山谷的尽头，也是国王谷最南端、距离国王谷入口最远的一座坟墓。这座坟墓是最早的弯曲轴结构，许多国王谷坟墓的功能结构，例如竖井室、战车大厅和圆角矩形墓室也是在这里确定下来的。从入口经过一条倾斜向下的墓道进入竖井室，随后进入有两根立柱的战车大厅，墓道在此转向90°继续倾斜向下，进入圆角矩形的墓室，国王的石棺就放置在墓室内的两根立柱后方，这间墓室带有4间侧室，整个墓室的墙壁上描绘着众多古埃及神祇的形象。

图特摩斯三世是第二位在国王谷中修建陵墓的国王，他将自己的墓址选在国王谷中最隐蔽的地方，但还是没能逃过盗墓贼的劫掠，这导致了他的木乃伊部分损毁。在第二十一王朝时期，他的木乃伊得到了祭司们的修复，并和原本的棺椁一起迁葬于TT320墓中。

KV34 平面图

KV35：阿蒙霍特普二世墓

年代：第十八王朝

类型：弯曲轴

总长度：91.9米

面积：362.9平方米

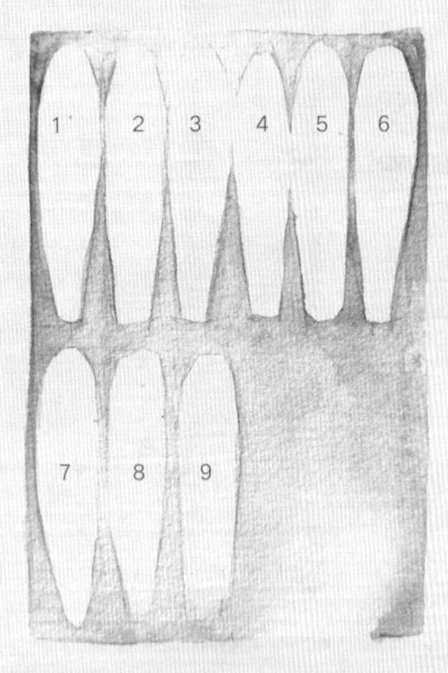

KV35 墓室内部结构

1. 图特摩斯四世
2. 阿蒙霍特普三世
3. 美伦普塔赫
4. 塞提二世
5. 淘沃斯特
6. 西普塔赫
7. 拉美西斯四世
8. 拉美西斯五世
9. 拉美西斯六世

这座坟墓的入口位于国王谷西侧第三条分支山谷的尽头，这座坟墓进一步完善了国王谷墓葬的结构样式，例如墓室的方形布局。从入口经过一条倾斜向下的墓道进入竖井室，这间竖井室的底部侧面增加了一间侧室，扩大了竖井的空间。随后来到有两根立柱的战车大厅，墓道在这里转向90°倾斜向下抵达墓室.这间墓室带有4间侧室，在墓室的较高处地面上有6根立柱作为支撑，而国王的石棺则放置在下沉的地面凹槽内。阿蒙霍特普二世的木乃伊就保存于此，成为少有的原址保存的王室木乃伊。同时被发现的还有他的母亲、图特摩斯三世的王后哈特谢普苏特-梅里特拉，以及他的儿子维伯森努的木乃伊。

另外值得注意的一点是，KV35由于其坟墓位置的隐蔽性而被选为众多国王木乃伊的藏匿点之一（另一处为TT320），在KV35的墓室东南角的侧室B内紧密地摆放着包括图特摩斯四世、阿蒙霍特普三世、美伦普塔赫、塞提二世、陶沃斯特、西普塔赫、拉美西斯四世、拉美西斯五世、拉美西斯六世等国王木乃伊以及两名当时不确定身份的女性木乃伊，分别被称为“年长女士”和“年轻女士”，后经过DNA检测确定“年长女士”为泰伊王后，而“年轻女士”则是阿蒙霍特普三世和泰伊之女、阿赫那顿之妻、图坦卡蒙之母，不过其名字依旧未知。

KV55：疑似阿赫那顿改葬墓

年代：第十八王朝

类型：直轴

总长度：27.6米

面积：84.3平方米

这座坟墓位于国王谷主体的中心区域，从拉美西斯九世墓（KV6）的下方穿过，入口位于图坦卡蒙墓（KV62）东北方向不远。从入口经过一条倾斜向下的墓道即可直达墓室，这间墓室只有一间侧室，并且只对墙壁进行了简单的涂抹灰泥处理，并未进行任何涂饰。

这座墓结构非常简单，原本可能仅作为阿玛尔纳被废弃后迁葬回来的王室木乃伊的暂时存放点，墓中发现了从阿蒙霍特普三世到图坦卡蒙之间各个时期的随葬品。暂存于此的王室木乃伊中，泰伊王后的木乃伊最终被迁葬于KV35，而一具高度疑似阿赫那顿的木乃伊则被留在这里（通过DNA测序，现在已经基本上确定他就是图坦卡蒙之父阿赫那顿），墓葬的入口随后被修建KV6的工人们倾倒的碎石彻底掩埋。

KV55 中疑似
阿赫那顿木乃伊棺木

KV57：霍伦海布墓

年代：第十八王朝

类型：啮合轴

总长度：127.9米

面积：472.62平方米

这座坟墓位于国王谷西侧第三条分支山谷的入口处，从KV8和KV9的下方穿过。从入口经过一条倾斜向下的墓道进入竖井室，随后来到战车大厅，在这里坟墓的轴线发生偏转，墓道从战车大厅的西侧继续倾斜向下，经过一条带有台阶的墓道后进入装饰着国王和众神形象涂饰的前厅，最后进入半下沉结构的墓室之中，国王的棺椁就放置在墓室下沉地面的凹槽内。这间墓室总共有5间侧室，其中位于轴线尽头的侧室面积较大，它还带有一间更小侧室和一间未完成的抬升侧室。

由于这座坟墓曾经被盗，坟墓内充满了被暴力破坏的痕迹，霍伦海布的木乃伊至今下落不明。另外有证据表明，一部分迁葬于KV35的国王木乃伊曾经在这里被短暂存放过。

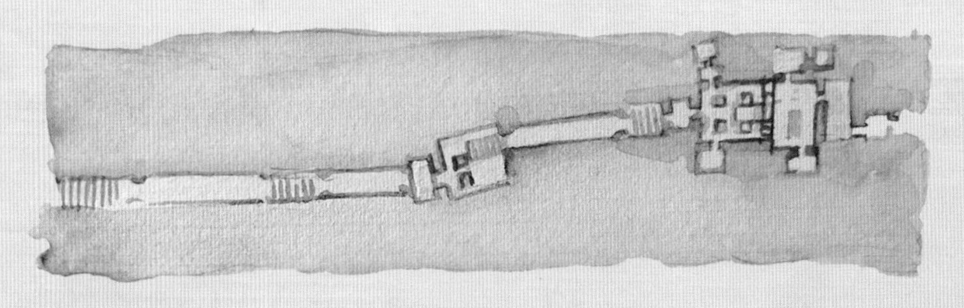

KV57 平面图

霍伦海布向伊西斯女神献祭图（KV57）

KV62：图坦卡蒙墓

年代：第十八王朝

类型：无类型

总长度：30.8米

面积：109.8平方米

这座坟墓的入口位于国王谷主体的中心区域西侧，处于KV9下方。这座坟墓的规格和结构显然都达不到国王级别的标准，最初可能是为某位贵族官员所设计的，后被用来埋葬图坦卡蒙这位早夭的国王，并因为其保存完好而轰动全世界。

从入口经过一条倾斜向下的墓道来到前厅。当这座墓在20世纪初被开启时，这里杂

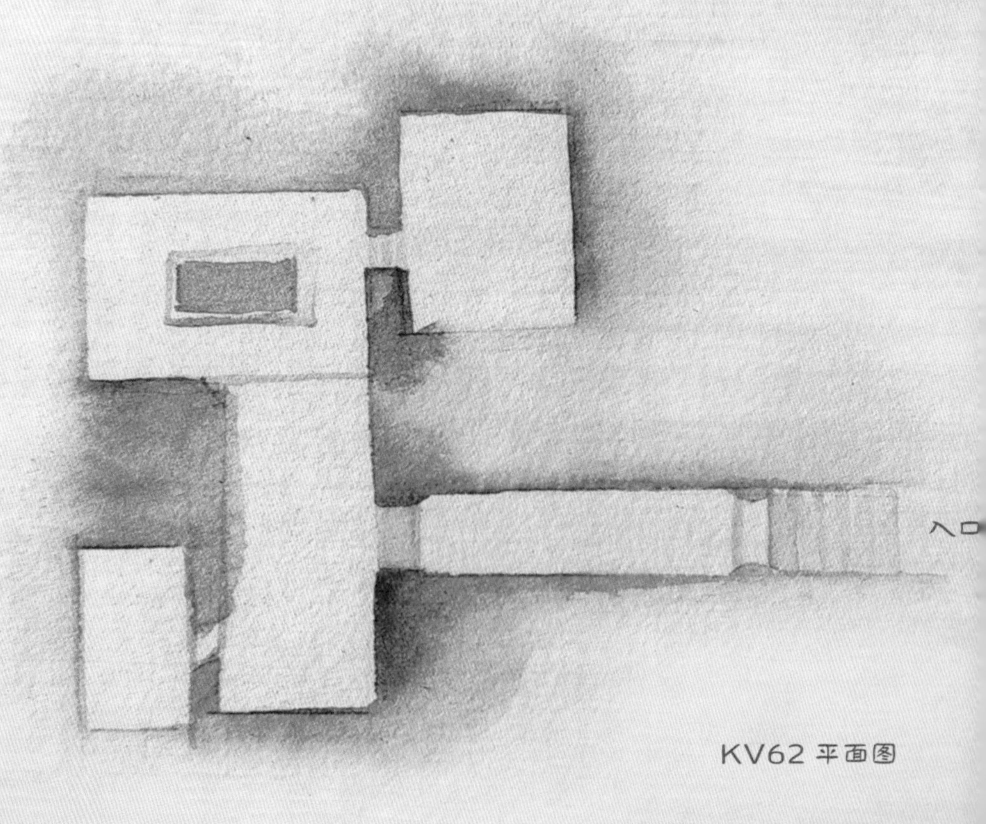

KV62 平面图

乱地堆满了700多件随葬物品——包括葬礼上所使用的三张床、四架拆散的战车、国王的衣箱、乐器和手杖等。前厅的西南墙壁上是通往侧室的矮门，这间侧室的地面下沉了将近1米，里面堆满了2000多件家具、罐子、石头器皿和太阳船模型等物品，以及装着药膏、香水和酒食的篮子。

沿着前厅向北进入图坦卡蒙的墓室，这是整座坟墓里唯一对墙面进行了涂饰的空间，上面描绘了图坦卡蒙的启口仪式、国王和众神站在一起以及冥界十二个小时等场景，并在四面墙壁上都雕刻出壁龛。墓室的地面比前厅低了1米，整间墓室几乎被图坦卡蒙的四层木制涂金神龛所占据（最外面一层长5.08米，宽3.28米，高2.75米），神龛内放置着一座丢失了棺盖的石英石棺（用来代替的是一面尺寸不匹配的红色花岗岩棺盖）和三层分别由涂金木头和纯金打造的内棺。图坦卡蒙戴着黄金面具的木乃伊就躺在内棺之中。除此之外，墓室内还有300多件随葬品，包括太阳船桨、装饰有哈皮神像的灯以及盛放香水的雪花石膏瓶等。

图坦卡蒙棺椁
四层神龛、一座石棺、三层内棺

墓室东北角墙壁上的门通往被称为国库的侧室，其中堆放着500多件随葬品，绝大多数都和丧葬仪式有关。其中包括一尊卧姿的阿努比斯神像、放置神像的神龛、木船模型、粮仓模型、拆散的战车、图坦卡蒙的涂金木雕以及两具胎儿木乃伊——DNA数据证实他们是图坦卡蒙的子女。

图坦卡蒙黄金面具

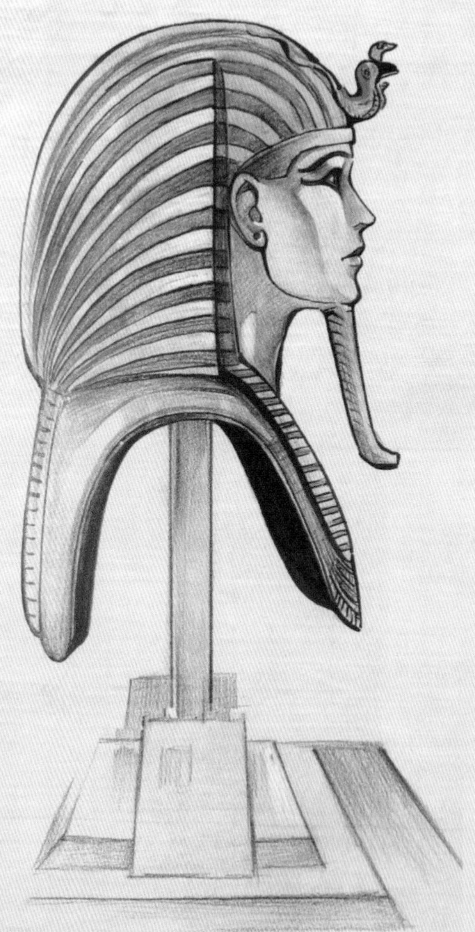

由于这座坟墓并非国王级别的墓葬，许多考古学家相信图坦卡蒙最初的墓葬可能是西谷的WV23，也就是当时的大臣、后来的国王阿伊的坟墓，而图坦卡蒙所使用的坟墓则可能是阿伊原本为自己修建的坟墓。另外，图坦卡蒙墓葬的入口被第二十王朝开发KV9的工人们倾倒的碎石掩埋，让这座坟墓躲过了之后3000多年的所有盗墓活动，得以安全地保存至今。

图坦卡蒙陵墓宝藏一窥
摄于开罗博物馆，2018 年

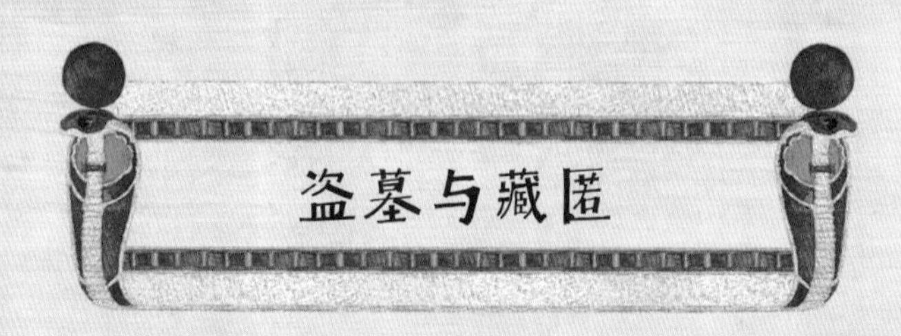

盗墓与藏匿

尽管没有留下记载，但根据现代考古可以得知，国王谷最早的盗墓事件发生在图坦卡蒙刚刚下葬后不久，盗墓贼设法打开了KV62最外层入口和前厅的墓门，他们闯入前厅，将部分堆放在这里的随葬品盗走，这次他们的目标主要是一些黄金首饰以及亚麻布、化妆品和香油。

KV62第一次被盗后，官方很快就修复了被打开的墓门，并用碎石将墓道重新堵死，但这并没能阻止盗墓贼的第二次侵入，这一次他们挖穿了堵塞的碎石，并成功进入了墓室最里面的“国库”。不过，根据现场物件的摆放痕迹，第二次闯入的盗墓贼可能很快就被抓获，大部分随葬品都被匆忙堆放回了坟墓之中，少部分则被转移到附近的KV54中储存（这是一座很小的未完成坑洞，被用来储放一些图坦卡蒙墓被盗物品），在这之后图坦卡蒙墓被重新封闭，并一直保存到了霍华德·卡特发现它的1922年。

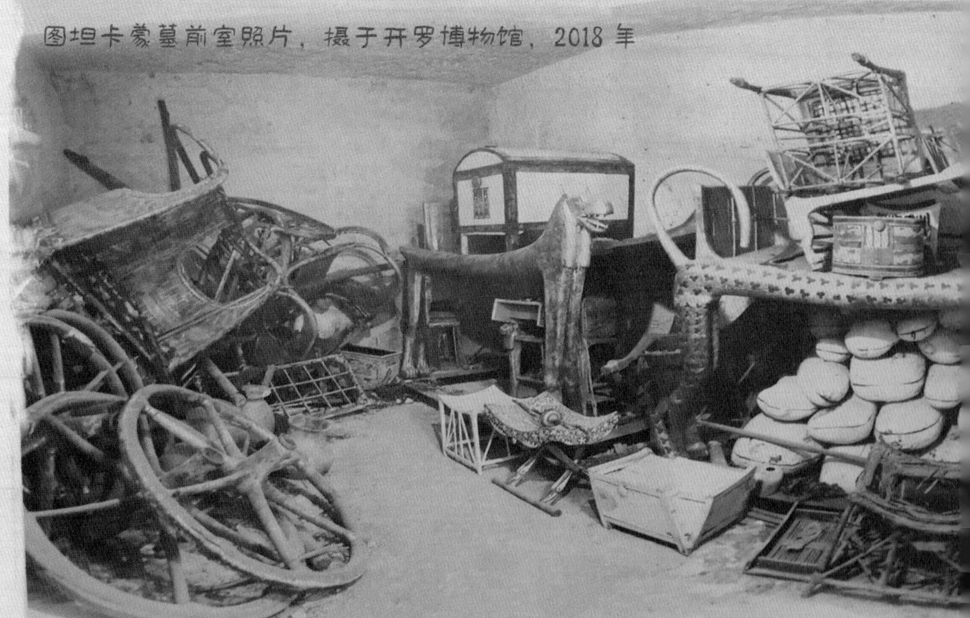

图坦卡蒙墓前室照片，摄于开罗博物馆，2018 年

而被确切记载的第一次盗墓事件发生在拉美西斯三世在位第29年，这一年国王谷附近的戴尔麦地那工匠村的工人们因为官方没有按时发放工资而发起罢工。就在这次罢工期间，有两名盗墓贼试图闯入拉美西斯二世墓（KV7），但很快就被抓获了。

自从第二十王朝的拉美西斯三世去世后，古埃及的王位在短短二十多年间几次更迭，政治斗争引发经济危机，导致社会治安混乱不堪，大量盗墓贼趁机闯入国王谷肆意劫掠，其中也不乏国王谷的守卫及工作人员趁机监守自盗。一些地方官员也因贪污受贿而故意瞒报这些盗墓事件，进一步加剧了国王谷盗墓事件的不断发生。

从留存下来的一些第二十王朝时期的审判盗墓贼的文献中可以得知当时盗墓活动的猖獗：

……他被棍笞拷问，手足扭曲。他说："四年以前，陛下在位的第十三年，我像平时一样地走过底比斯西岸的堡垒，当时我和石匠哈比维尔、工人阿曼恩哈布、木匠塞特那克特、木匠尹仁曼、石匠哈比欧，以及陛下的祠堂挑水工卡恩瓦瑟，总共是七个人。我们打开底比斯西岸的陵墓，把其中的内棺搬走。我们将它们表面的金银剥下偷走，我和同伙彼此瓜分。

（……的）木乃伊。我们发现他的颈盖着有字的金片。我们到阿蒙神第三祭司塔努芙的墓中。我们把它打开，将他的内棺搬出，把他的木乃伊取出，放在他墓中一角。我

们将他的内棺抬上这条船，和其余的一起，去到阿蒙欧培岛。我们将它们放火燃烧，然后取走烧出的金子，每人分得四基特（kite，古埃及重量单位）的金子，五个人，每人四（基特），总共一德本六基特金子。我们再去到（……）区，进入一个墓。我们将它打开，取出一具内棺，它覆盖的金子一直到颈部，我们用一只铜凿把金子剥下取走，再将它在墓中放火烧掉。我们又找到一个铜盆，两个铜瓶。我们将它们运到河对岸，彼此瓜分。当我们被逮捕时，此区的书记卡恩欧培来找我，我将那四基特的金子给了他。”

一开始，盗墓贼的劫掠目标还是普通贵族墓葬，到了第二十王朝末期，古埃及的局势更加混乱，一些盗墓贼团伙开始打起了国王陵墓的主意。例如在拉美西斯十世在位第9年，就发生了一次对拉美西斯六世墓（KV9）的盗墓事件，根据被捕的盗墓贼供述写成的审判文献*Papyrus Mayer B*中记载：

“外国人内萨蒙（Nesamun）带我们上来，向我们展示了拉美西斯（六世）国王的坟墓……我花了四天时间闯入它，我们五个人都在场。我们打开了坟墓，进去了……我们找到了一个青铜盆，三个青铜器皿……”

由于大量国王墓葬被盗，到了拉美西斯六世之子拉美西斯九世在位期间，他命人调查了国王谷各处坟墓的被盗情况，并整理成后来被称为《艾伯特纸草》的文献，该文献对各坟墓的被盗和损毁情况进行了初步的整理记载。有趣的是，这时他并不知道尤亚和图育墓KV46以及图坦卡蒙墓KV62的存在，但是文献上明确记载了目前还未确定位置的阿蒙霍特普一世墓，这座墓可能是现在的KV39。

由于此时的利比亚游牧民掌握了沿绿洲穿过沙漠直达尼罗河谷的线路，他们开始不断骚扰底比斯周围地区，处于他们必经之路上的国王谷更是在劫难逃。最终拉美西斯九世不厌其烦，决定从底比斯迁都至下埃及的佩-拉美西斯，到了他的继承人拉美西斯十世和十一世在位时期，由于害怕沙漠部落的袭击，戴尔麦地那工匠村的工人们甚至都不敢前往仅仅1千米外的国王谷工作，拉美西斯十世和十一世的墓最终都没能建成。

藏匿点TT320

到了第二十一王朝的史曼德斯、普苏森尼斯一世和西阿蒙在位时期，上埃及的阿蒙祭司们为了保护这些遭到盗墓贼侵扰的木乃伊，决定将国王谷中的大量木乃伊从他们自己的坟墓中秘密移出，分别转移至KV35和TT320墓中隐藏保存，其中KV35中共存放了16具木乃伊，TT320中则存放了40多具木乃伊，期间他们对一些在盗墓活动中受损的国王木乃伊进行了修复（例如被破坏严重的塞提一世的木乃伊就经历了5次修复），这些木乃伊在这两处藏匿点得以安全地保存至今。

TT320墓原本是阿蒙大祭司帕涅杰姆二世和他的妻子奈斯康斯以及他的家族成员们的合葬墓，位于德尔巴赫里的哈特谢普苏特山谷神庙南方的峭壁上，入口极为隐蔽，因此在第二十一王朝时期被当作众多国王木乃伊的藏匿点之一。现代最早发现这座墓穴的是当地牧羊人艾哈迈德·阿卜杜勒·拉苏尔（Ahmed Abd el-Rassul），在发现了这座墓之后他和兄弟将一些随葬品拿到市场上贩卖，引起了包括马斯佩罗在内的众多埃及学家的注意，随后当地政府逮捕了拉苏尔兄弟，他们带领埃及学家们前往这座隐蔽的墓穴。

德国埃及学家埃米尔·布鲁格施和本地埃及学家艾哈迈德·卡迈尔被派去发掘这座墓穴，当他们进入古墓中时，立刻被眼前的场景惊呆了，以至于两位埃及学家都没有想起来要记录古墓现场的分布状况（事后两人都无法确切地回忆这些国王石棺原本的摆放位置），他们带人花了两天时间将整座古墓内的所有文物全部搬出并运往埃及博物馆。

许多迁葬于TT320的国王木乃伊的石棺上都写着他们每次被移动的时间及地点，以及总共移动了多少次的文字，这成了研究国王谷坟墓的重要线索。这些保存至今的王室木乃伊中已知身份的有：泰梯舍丽王后、陶二世、阿赫摩斯一世、阿赫摩斯-妮菲塔莉、阿蒙霍特普一世、图特摩斯一世、图特摩斯二世、图特摩斯三世、拉美西斯一世、塞提一世、拉美西斯二世、拉美西斯三世、拉美西斯九世，以及曾经试图刺杀拉美西斯三世的彭塔沃尔王子（“尖叫木乃伊”）。

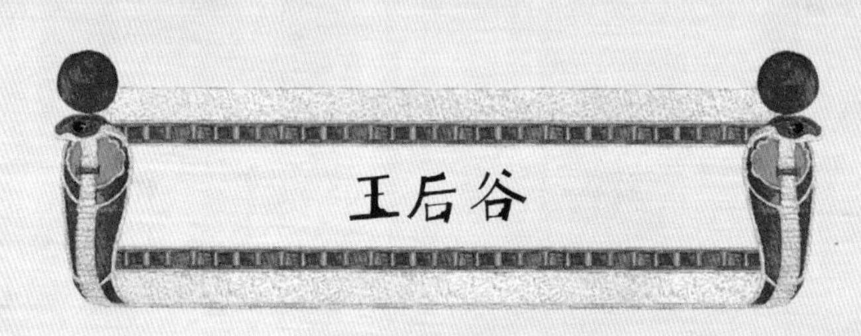

王后谷

在库尔恩山的东南麓，有一座与国王谷相对应的王后谷，顾名思义，这里是众多古埃及王后、王妃和公主们安葬的地区，在古埃及时期被称为“美丽之地”（Tȝ-st-nfrw）。

王后谷位于库尔恩山脚下一处山谷之中，其山谷主体中共有91座新王国各个时期的墓葬，在它的分支山谷中还有另外19座墓葬，使王后谷中的墓葬多达110座，接近国王谷墓葬数量的两倍，这里的坟墓采用的编号是QV。

最早在这里安葬的王室成员可能是陶二世的女儿阿赫摩斯公主（QV47），她一直活到了图特摩斯一世在位时期，在她去世后，正在开发国王谷的图特摩斯一世将她的坟墓安排在了附近的王后谷中。而王后谷中最著名的王室墓葬当属拉美西斯二世的王后妮菲塔莉的墓葬（QV66），这座坟墓被修得相当精美，仅坟墓内色彩丰富的壁画就有483平方米，其中包括了许多王后本人的画像。而妮菲塔莉的女儿、后来成为拉美西斯二世王后的梅里塔蒙墓（QV68）则在其附近不远处。

妮菲塔莉的巴（灵魂形态）

QV66 中的妮菲塔莉

王后面容秀丽，装扮精致，
她举着酒罐，向诸神献酒

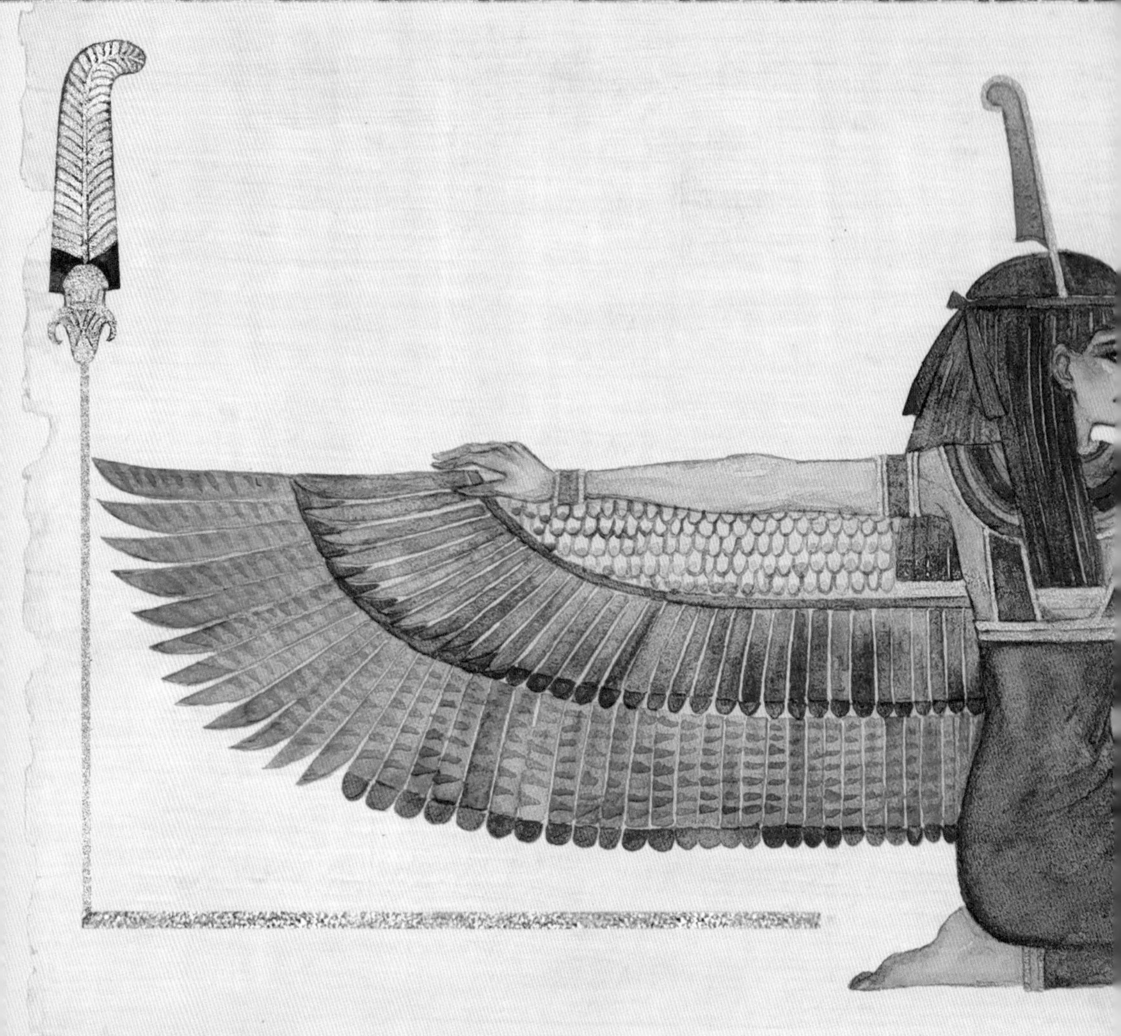

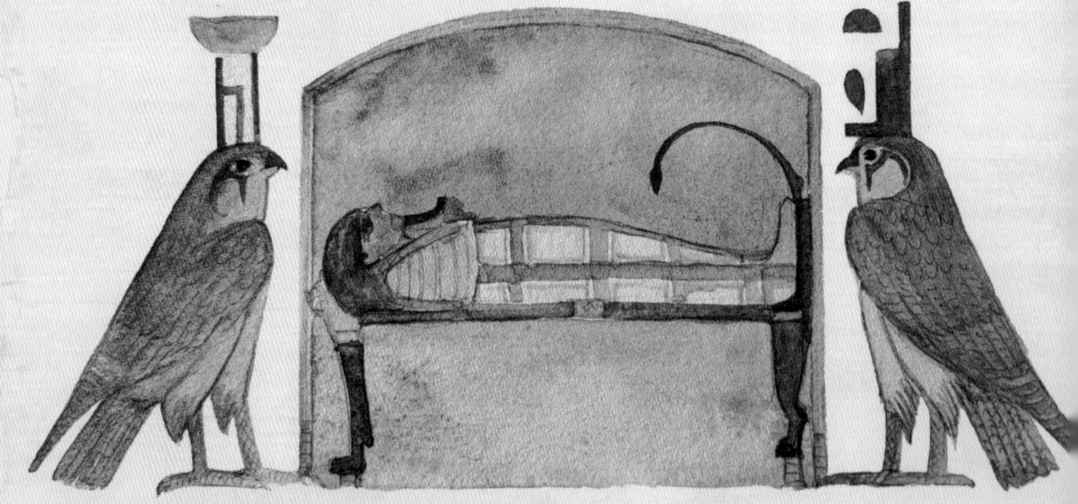

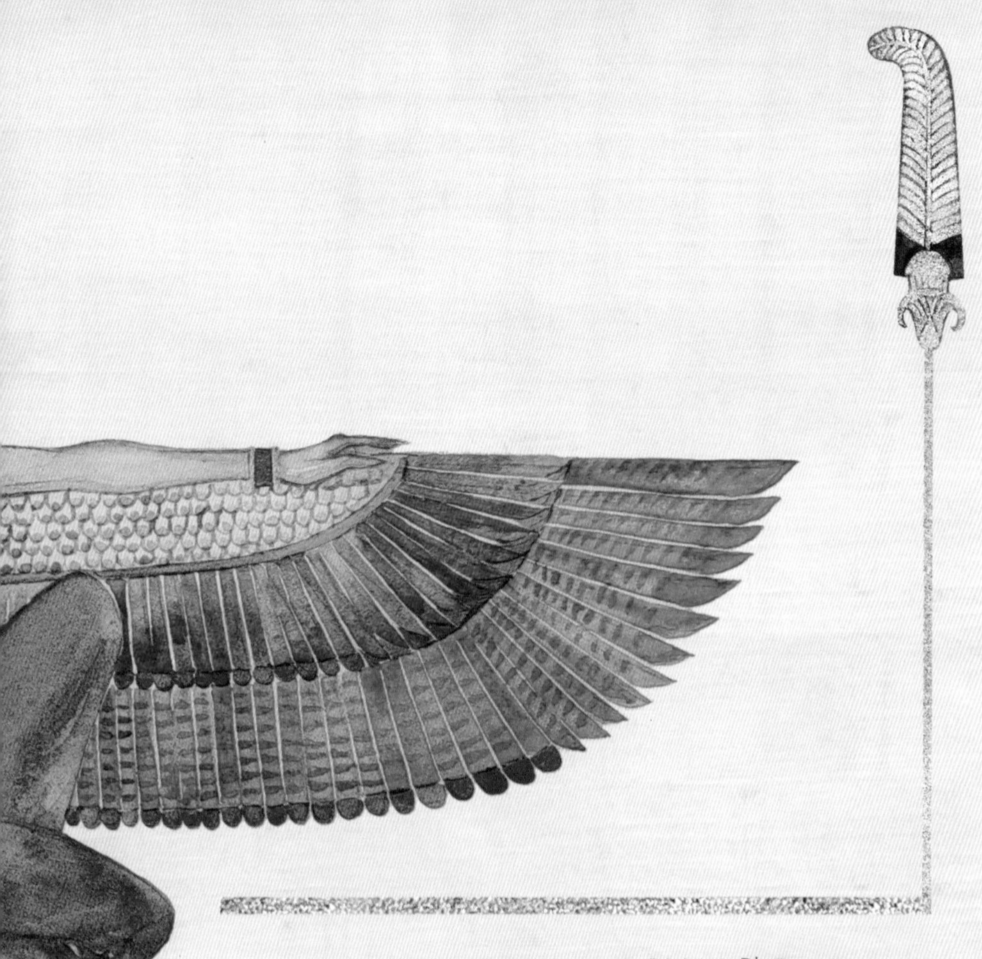

QV66 壁画

展开双翼的真理女神玛阿特，

她是宇宙秩序的化身

QV66 壁画

奈芙蒂斯（左）与伊西斯（右）

她们守护着王后的木乃伊

戴尔麦地那工匠村

和金字塔工匠村相同，自从国王谷被开发以来，一座为工匠和劳动者们提供衣食住行的工匠村很快就在国王谷附近建立起来，它位于库尔恩山的东麓，与国王谷仅隔着一座山崖。

工匠村俯瞰

这座工匠村被当时的古埃及工人们称为“城镇”，初建于图特摩斯一世时期，整体布局为长方形，其总体规模在拉美西斯时期达到顶峰，总面积达到5600平方米，拥有68座不同用途的泥砖建筑（每座建筑平均面积约70平方米，有4~7间屋子）以及穿梭于其间的道路。这里交通非常便利，工人们可以徒步前往不远处的国王谷、山谷神庙群以及王后谷工作。

工匠村中的居民包括古埃及人、努比亚人以及西亚人，他们都是以工人身份被王室雇佣的，分别承担石匠、铁匠、木匠、粉刷匠的职务，负责国王谷坟墓等的建设和维护。工匠村中有神庙、医院、厨房、工坊、酿酒房等功能建筑，以及与之配套的祭司、书吏、警察、医生、厨师、运水工等，这让工人们的衣食住行、生老病死都可以在工匠村得以解决。

在工匠村遗址附近还有着上百座国王谷工匠墓葬，其中尤以森尼杰姆墓（TT1）最为知名，他作为塞提一世和拉美西斯二世墓的王室工匠，在自己的墓中为自己绘制了许多精美的装饰壁画。

在工匠村广受崇拜的主神是眼镜蛇女神麦丽特塞盖尔，她是底比斯西部地区大墓地的守护女神。麦丽特塞盖尔的名字意为“喜爱沉默的”，这通常被认为代表着尼罗河西岸墓葬区的寂静，也有人认为这是代指冥王奥西里斯的一个身份。她通常被表现为一名长着眼镜蛇头的女性神祇，有时也表现为同时长着眼镜蛇、秃鹫和人类女性形象的三个头的造型，手持着莲花权杖和安可符号。在一些当地的祈祷石碑上，她还会以头戴着太阳圆盘或者牛角太阳冠的形象出现。

尽管在底比斯以外的区域影响力不大，但是在底比斯西部的王室墓葬区以及负责修建王室墓葬的戴尔麦地那工匠村中，麦丽特塞盖尔受到人们的广泛崇拜。当地的祭司和工匠们将其视为自己的守护神，她能够保护工人免遭毒蛇、蝎子的蜇咬，免遭山中的猛兽袭击，同时还能免遭塌方、落石、坠落等工伤或自然灾害，另外，当地人认为向她祈祷可以使身体上的病痛消失。

有时候麦丽特塞盖尔还被与哈索尔女神结合起来，这时她被称为“西部夫人”或“墓地夫人”。在库尔恩山的山路周围至今仍能看到众多当时的工人们留下的向这位女神祈求保佑的石制神龛或祈愿碑，这个时候她往往被称为“西部之巅”或“山顶夫人”。

除了当地工匠之外，麦丽特塞盖尔也受到葬于谷中的国王们的崇拜，在陶沃斯特女王墓（KV14）、拉美西斯六世墓（KV9）、拉美西斯十世墓（KV18）、拉美西斯十一世墓（KV4）中都发现了崇拜这位墓地守护女神的痕迹。

阿赫那顿与纳芙蒂蒂

众神之屋

维持神与人之间的良好关系是古埃及国王的一项神圣使命，而这其中就包括国王要为众神建造祭祀他们的场所——神庙。神庙是古埃及最重要的宗教建筑。通常被视为众神在人间的居所以及人与神之间沟通的场所，也是国王和祭司们举行祭祀、进行各种宗教仪式的地方。而普通民众也能进入神庙祈求神谕和保佑，被病痛折磨的患者则可以在此处得到治疗和安慰。

作为多神信仰的国度，古埃及有着数以千计的神祇，其中诸如阿蒙-拉、荷鲁斯、奥西里斯、伊西斯、普塔赫这些在埃及全境都广受崇拜的神，他们的神庙遍布尼罗河流域，因此常被视为国家的主神。在这些国家主神的崇拜中心区域会专门修建供奉他们的神庙——例如著名的卡纳克神庙，由于供奉着国家级别的主神阿蒙，因此逐渐建设成了古埃及最大也最宏伟的神庙建筑群，能够承办国王和祭司们举办的各种大型宗教仪式。在卡纳克神庙最繁荣的时期，神庙中同时有超过50 000名的祭司、见习祭司、工匠、书吏以及杂役人员。

除了这些国家主神之外，古埃及还有数不清的地方神，他们通常具有和地区、职业、独特能力以及自然现象相关的神格。供奉这些地方神的神庙主要集中在他们的崇拜中心，由他们的专属祭司进行管理。一些不太知名的神可能连自己的专属神庙都没有，他们会和其他的神供奉在一起接受信徒祭祀，甚至可能仅被供奉在露天的石制神龛中。这些地方神的神庙中较大的可能有十多名祭司，而有的小神庙甚至没有专职祭司，由三个月轮班一次的见习祭司来管理。对这些神的崇拜很大程度上受到当地环境和人员流动的变化影响——例如戴尔麦地那工匠村附近的哈索尔神庙，在戴尔麦地那工匠村关闭之后，由于没有信徒前来献祭，很快就彻底消失了。

除了为众神建造神庙之外，古埃及的国王们还会为自己建造山谷神庙和葬祭殿，用来供奉自己死后的灵魂——在古王国时期，国王的灵魂会被表现为“与布托和涅亨的灵魂同在”，布托和涅亨的灵魂就是被神化的国王的先祖们，这种祖先崇拜充分体现了古埃及王权与神权之间密不可分的关系。这种神庙通常位于国王的坟墓或金字塔附近，成为墓地的重要附属建筑。其中比较著名的有吉萨金字塔建筑中的山谷神庙群，以及与国王谷一山之隔的德尔巴赫里山谷神庙群等。

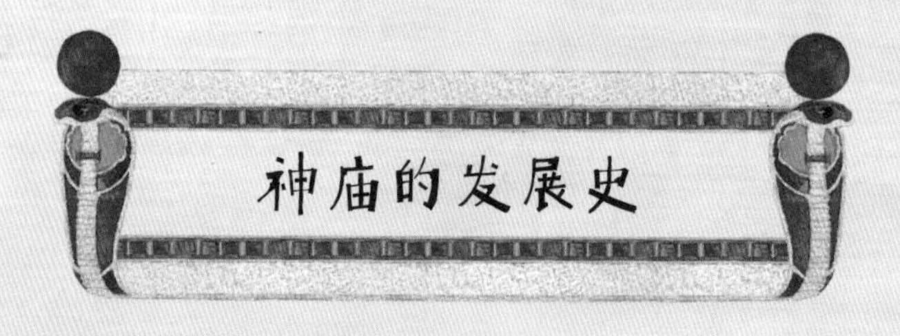

神庙的发展史

最早的古埃及神庙可能出现于涅加达文化时期，这个时候的神庙多使用简易材料来建造，例如木材、芦苇帘等，由于这些建材并不耐久，因此很难保存下来。不过神庙的造型风格还是深刻影响了后来的神庙、金字塔等宗教建筑。

进入古王国时期，工人们开始使用更加耐久的建材来修建神庙，例如烧制的泥砖或开凿成形的石灰石块。随着硬石加工工艺的发展，一些较为坚硬的石材，例如花岗岩、斑岩、闪长岩也开始被当作建材使用，不过这些坚硬石材一般被用来雕刻神像或者纪念碑，大多数神庙建筑还是使用普通易得的泥砖来建造。

而到了新王国时期，一些大型神庙则开始使用坚固的石材来建造，那些原本用泥砖修建的围墙、塔门也都被石制建筑所取代。到了阿赫那顿宗教改革时期，当时的工匠们甚至短暂地制定了建筑石材的标准尺寸，即“塔拉塔特”块（27厘米 × 27厘米 ×54 厘米），采用这种标准石材的建筑可以快速建设并方便重新利用，这可能是世界上最早的标准化尝试。

荷鲁斯圣船（埃德夫神庙），摄于 2018 年

一直到托勒密王朝时期，古埃及各地兴建神庙时都还使用相同的材料和技术。

俯瞰底比斯大墓地，摄于 2018 年

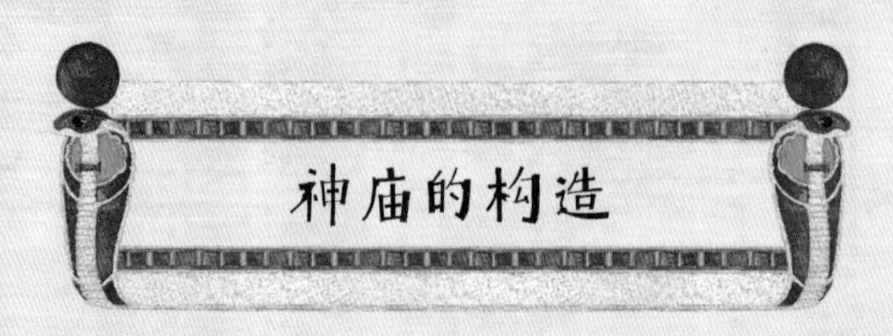

神庙的构造

内部神殿是古埃及神庙中最重要的组成部分，在古埃及时期，它往往被称为“神居”（ḥwt-nṯr），通常位于神庙建筑群中轴线的最深处，是供奉主神的建筑物（如果是国王的山谷神庙，供奉的则是国王的雕像和假门），也是一座神庙内最神圣、最核心的区域。

内部神殿被视为众神直接现身于人间的场所，因此禁止除了祭司以外的人员进入，而祭司在进入内部神殿之前，也要经过严格的身体、口腔清洁，以免身体的不洁和异味令众神感到不悦。

卢克索神庙，摄于 2018 年

为了增加众神的神秘感，许多内部神殿是完全封闭并常年保持黑暗的，并且会远离神庙建筑群前段那些人来人往的区域。到了托勒密时期，新修建的内部神殿更是通过周围环绕的房间、走廊进一步与世隔绝，几乎成为神庙群中的独立建筑物。为了不频繁开启殿门，一些内部神殿的外墙上留有专供祭司日常祈祷之用的神龛。

在一些神庙中，除了被供奉的主神之外，有时连同主神的配偶和子女也会得到信众的崇拜。这些主神的家族神像会供奉在内部神殿中或周围众多的附属神殿里。其他的附属神殿会被用来存放祭祀仪式上所使用的物品、祭祀文本以及圣船——这是一种木制包金的船形神龛，用来在庆典活动中抬着神像游行。

除了内部神殿之外，一些大型神庙还修建有其他附属建筑物——例如多柱大厅、庭院、围墙、塔门、甬道、方尖碑、“生命之宫”、圣池等。

多柱大厅是一种有着大跨度穹顶的巨石建筑，普遍修建于内部神殿前，因其内部众多的立柱而得名。这些立柱与国王谷墓中的方形立柱不同，普遍采用带有浮雕柱头（一般是神的头像或是莲花、纸莎草花瓣的形状）和彩绘装饰的圆形立柱，这种柱子的外形是在模仿水中生长的莲花或纸莎草。多柱大厅被认为象征着创世神话中的原始水面，而神庙的内部神殿则象征着最初从海中升起的原始土丘。

卡纳克神庙多柱大厅的花瓣形柱头
摄于2018年

多柱大厅剖面图

卡纳克神庙的多柱大厅是现存的所有多柱大厅中最著名的，其内部包括16排共134根巨大的圆形立柱，其中最高的12根达21米。和内部神殿不同，在一些盛大的节日中，祭司们会允许信众进入多柱大厅参观，因此一些多柱大厅的正门墙壁上端会比其他墙稍矮一些，其他墙壁的高处也会留出窗口，以便阳光照进大厅内部。

在一些大型神庙中，还会修建柱廊和围绕神庙的院墙。院墙象征着神圣的守护，让外界的邪恶无法进入神庙。这些柱廊是由大量立柱支撑的通道，被廊柱环绕的露天空间通常是供祭司会见信众的场所，以及在节日中容纳参加游行庆典的民众活动的区域，这处空间通过长甬道与院落的塔门和多柱大厅相连通，甬道周围通常也有两排立柱，有时还会对称放置神圣动物的卧像，例如狮身人面像或狮身羊首像等。

每一圈院墙都有一座由对称的两栋塔楼组成的塔门，这种塔门象征着埃及神话中的“地平线”（akhet），代表着太阳神的新生以及能够抵抗邪恶的力量。这种塔门在新王国之前的神庙建筑中较少出现，进入新王国之后开始兴起。到了晚王国时期，希腊人将希腊底比斯的名字赋予埃及的底比斯，作为区分，希腊的底比斯被称为“七门之都”，而埃及的底比斯则因为拥有众多神庙塔门而被称为“百门之都”。每座塔门前通常都立有双旗杆的壁龛，这是一种继承自前王国时期的宗教象征物，而它象征的正是古埃及的“众神”（ntr）。

在神庙中还有众多附属建筑物，例如为前来寻求治疗的病患们准备的休息室，这里通常放着床榻供病人休息、接受祭司治疗并在梦中祈求神的治愈；另有为神庙内的人员提供饮食、工具和服装等日用品的厨房、手工作坊和仓库；还有为宗教仪式和祭司清洁身体提供用水的圣池；以及神庙中用来存放各种宗教仪式、历代文献、医学和天文学的纸草文本的“生命之宫”。

除了神庙建筑群外，一座大型神庙往往还拥有着附近大量土地的所有权，这些土地通常是由国王在举办仪式（例如登基、塞德节庆典、战争凯旋）时奉献给神庙的祭品，而神庙则雇佣农民来耕种这些土地，以获取粮食、水果及花卉等。这些土地上的收入和国王提供的祭品以及一些专项税收是大型神庙的主要财产来源，而那些地方上的小型神庙的运行多依赖富裕阶层的捐赠，富人们以捐赠来换取祭司们的服务，获得治疗疾病、传递神谕、给予祝福或是提供死后的指引和保护。

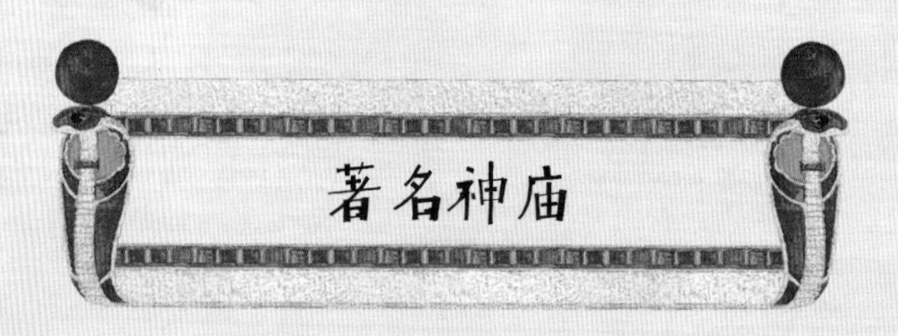

著名神庙

目前，埃及境内现存的大多数神庙都是托勒密王朝时期兴建的，当然也有一些地区还留存着中王国、新王国时期的神庙建筑群。接下来将按照尼罗河流经的顺序对部分重要神庙进行介绍。

阿布辛贝勒神庙

这是目前埃及境内最南端的古埃及神庙，位于今天埃及阿斯旺省的纳赛尔湖西岸，距离阿斯旺市区约230千米，修建于新王国第十九王朝拉美西斯二世在位时期。

阿布辛贝勒神庙是一座整体开凿于峭壁上的岩间神庙，位于古埃及与努比亚地区往来的必经通道旁，是拉美西斯二世为了纪念卡叠石之战的胜利（他认为自己是胜利者），同时向努比亚人展现自己至高无上的地位和强大国力而修建的。整座神庙的开凿耗时近20年，于拉美西斯二世在位第24年完成，完成后被命名为“阿蒙神所爱，拉美西斯神庙”（后来使用的阿布辛贝勒是带领欧洲探险家前往该处的当地儿童的名字）。

这座拉美西斯神庙的整体外观是嵌入山体内高33米、宽38米的梯形神龛，神龛的上端雕刻着22只高举双手崇拜太阳的狒狒形象。4尊巨大的拉美西斯二世坐像分列神庙的庙门两旁，这4尊巨型坐像高达20米，其中左起第二尊巨像因为地震导致整个上半身损毁，破损的部分掉落在雕像的脚下。4尊拉美西斯坐像的腿部周围则雕刻出了包括他的王后妮菲塔莉、女儿兼王后梅里塔蒙以及其他子女们的形象，这些雕像都不超过国王雕像的膝盖高度。

在入口通道上方雕刻出一尊太阳神拉-赫拉克提的形象，这位鹰首的太阳神右手拿着圣书文“wsr”的符号和一根羽毛，左手拿着玛阿特的神像，整个图案巧妙地组合成了拉美西斯二世的登基名“wsr-mAat-ra”，也就是“拉神的公正是强大的”之意。

进入岩间神庙后，来到第一间立柱大厅，该大厅长18米，宽16.7米，两旁各排列着4根高10米的拉美西斯二世雕像立柱，立柱上描绘着国王向众神献上祭品的画面。而在大厅周围的墙上，则用浅浮雕的图案展示拉美西斯二世在卡叠石之战中驾车追击逃走的赫梯人，并向敌人射箭的场景。

随后进入第二间立柱大厅，这里的4根立柱上描绘出拉美西斯二世与妮菲塔莉站在太阳神船前的形象，这间立柱大厅的尽头是最深处的内部神殿，神殿内并排坐着普塔赫、拉美西斯二世（神化）、阿蒙和拉-赫拉克提4位主神的神像——每年的2月22日和10月

22日，清晨的阳光会穿过神殿的入口一直照进最里面的内部神殿，照亮除了具有冥神身份的普塔赫之外的其他3尊神像。

阿布辛贝勒神庙庙门

在这座拉美西斯神庙的东北方向约100米处，还有一间同样开凿于峭壁上的哈索尔神庙，它同样是阿布辛贝勒神庙群的一部分。尽管名义上是献给哈索尔女神的神庙，但从神庙内的铭文“一座由伟大而强大的纪念碑组成的神庙，献给伟大的王室妻子妮菲塔莉-美瑞耶特穆特，为了她，太阳照耀，赋予生命和挚爱”可以看出，它实际上是献给拉美西斯二世的王后妮菲塔莉的。

哈索尔神庙入口有6尊10米高的巨型雕像，分别是4尊拉美西斯二世的雕像和2尊头戴牛角太阳冠、手持叉铃的妮菲塔莉王后的雕像，这是古埃及历史上罕见的王后与国王等高的巨像之一，6尊雕像的腿边还刻有他们子女的雕像。这座神庙要小于附近的阿布辛贝勒神庙，但整体结构相差无几，只不过其内部的立柱浮雕换成了哈索尔女神的头像，壁画上则是演奏叉铃向哈索尔女神献祭的妮菲塔莉。

在阿斯旺大坝即将建成之际，这座神庙面临被蓄洪形成的纳赛尔湖淹没的危机，从1964年到1968年，这座神庙在联合国教科文组织和多国的共同努力下成功切块搬迁到附近的峭壁上进行重组，成为世界文物保护的重要成果之一。

哈索尔神庙

康翁波神庙

康翁波神庙位于埃及阿斯旺省的康翁波镇附近，它由托勒密六世于公元前180年开始建造，后由多位托勒密国王不断扩建，直到公元前47年托勒密十三世在位期间才建成，是托勒密时期修建的神庙中最有特色的一座。

康翁波神庙最引人注目的是它的“双神庙”特征，由于这座神庙是同时献给鳄鱼神索贝克与鹰神荷鲁斯的，所以在整体构造上它完全遵守轴线对称。

康翁波神庙的最外层是一圈几乎已经完全坍塌的围墙，从大门处进入神庙的前院，前院中原本有16根圆形立柱，沿着围墙内侧呈“L”形对称分布，如今这些立柱都已经坍塌，只剩下高低不一的立柱底部。

穿过前院进入第二座大门，来到还保留着部分穹顶的第一多柱大厅，这里原有三行15根圆形立柱，周围的墙上铭刻着托勒密十三世接受伊西斯女神的神谕以及站在荷鲁斯神面前的浮雕。

后面的第二多柱大厅的规模要小于第一多柱大厅，立柱也仅有8根，大厅的穹顶已经完全坍塌。依次穿过随后的三间前厅，就来到康翁波神庙的内部神殿，这里有沿轴线对称的两座内部神殿，东边的神殿供奉着索贝克，西边的神殿则供奉着荷鲁斯。

两间内部神殿后方是后墙和六间小房间，在后墙的中间处有一面著名的浮雕墙，上面展示了众多类似手术器械的浮雕，埃及学家们对它所展现的究竟是古埃及的医疗器材还是宗教仪式物品有着不小的争议。

备受争议的“医疗器材”

康翁波神庙入口

埃德夫神庙

埃德夫神庙位于尼罗河西岸的埃德夫地区，最初由托勒密三世于公元前237年8月23日下令开始修建，是托勒密王朝兴建的神庙中最早的一座，一直修建到托勒密十二世在位的公元前57年才建成。

埃德夫神庙供奉的主神是荷鲁斯，原址上曾经存在过一座更早时期（可能是十九王朝早期）的荷鲁斯神庙，后来托勒密三世下令在这座古代神庙的废墟上兴建了埃德夫神庙。最早的埃德夫神庙结构较为简单，由一间多柱大厅、两间前厅和内部神殿组成，后来经过历代托勒密国王的兴建，逐渐形成现在的规模。埃及学家马里埃特在1860年率领考古队在积沙中向下发掘了12米，才让这座神庙重见天日，由于埃德夫神庙长期被掩埋在地下，因此其建筑结构和内部细节都保存得较好。

埃德夫神庙最前方的是一座高达34米的宏伟塔门，这座塔门完整保存着4个壁龛结构，墙面上的浮雕展现了托勒密十三世正在荷鲁斯的面前打击古埃及的敌人，塔门的背面则是国王向古埃及众神献上祭品的浮雕。

穿过两旁立有鹰神荷鲁斯神像的塔门进入神庙的前院，这里有总共32根莲花和纸莎草形的立柱组成的东、西、南三面柱廊，立柱上铭刻着国王站在不同神祇面前的浮雕。

神庙的第一多柱大厅由3排共18根巨型立柱组成，其中最前面一排立柱顶端通过石梁连在一起。墙壁上展示了从国王和荷鲁斯一起为神庙奠基到最终神庙建成、国王将神庙献给荷鲁斯全过程的浮雕画面。这里的穹顶遍布烟熏的污痕，许多壁画都被其遮盖。在第一多柱大厅入口两侧各有一间小房间，其中一间被称为礼服室，是供祭司更衣的房间，另一间则是“生命之宫”，即存放各种仪式文本的档案室。

第二多柱大厅的空间和立柱尺寸都要小于第一多柱大厅，仅由3排共12根圆形立柱组成。为了增添神庙内部的神秘感，这里仅通过穹顶的几个天窗采光，使整间大厅都显得很昏暗。第二多柱大厅的左右两边都修建有楼梯，可以借此通往楼顶。

两间前厅的墙壁上描绘着托勒密四世在众神面前祈祷的画面，穿过前厅即来到被一圈回廊包围的内部神殿，神殿内前端放置着一架装饰着盾形荷鲁斯头像的圣船。圣船后则是一座用花岗岩雕刻而成的大型神龛，这座神龛的制造时间比托勒密王朝更早，是在第三十王朝的国王奈克坦尼布一世时期完成的。

内部神殿的回廊周围则是10间不同功能的小房间，分别供奉着与荷鲁斯相关的众神，例如哈索尔、奥西里斯、拉、孔苏等神，以及用来存放仪式用品的小房间。

埃德夫神庙建成之后即成为埃及境内最大的荷鲁斯神庙，也成为荷鲁斯崇拜的圣地，每年到了特定的节日，位于北方的丹德拉神庙会将供奉的哈索尔女神像放在圣船上，送来埃德夫神庙与荷鲁斯神像相会，体现了古埃及人对他们神圣婚姻的崇拜。

埃德夫神庙塔门

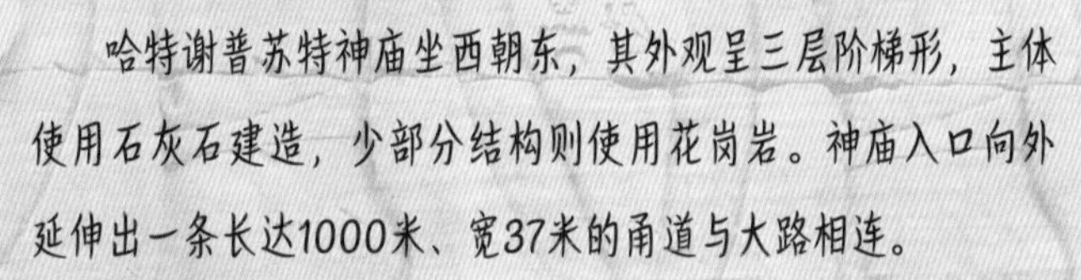

哈特谢普苏特神庙

哈特谢普苏特神庙位于今日的卢克索地区，在尼罗河西岸的库尔恩山附近的峭壁下，与著名的国王谷仅一山之隔，和孟图霍特普二世、图特摩斯三世修建的山谷神庙毗邻。它兴建于新王国第十八王朝哈特谢普苏特女王在位期间，由当时著名的建筑师森穆特和最先开发国王谷的伊涅尼共同设计并主持建造。

哈特谢普苏特神庙是一座山谷神庙，和一般的神庙不同，山谷神庙中供奉的不是任何神，而是死去的国王的灵魂，象征着死去的国王被神化。这座神庙的样式显然参考了紧邻的孟图霍特普二世的山谷神庙，但与之不同的是，孟图霍特普二世山谷神庙最中心的内部神殿供奉的是国王自己的雕像，而哈特谢普苏特神庙同样的位置上则是供奉着阿蒙-拉的内部神殿，这可能和她自称是阿蒙-拉的女儿有关。

哈特谢普苏特神庙坐西朝东，其外观呈三层阶梯形，主体使用石灰石建造，少部分结构则使用花岗岩。神庙入口向外延伸出一条长达1000米、宽37米的甬道与大路相连。

神庙下层南北宽75米，东西长120米。在通往中层的倾斜坡道两侧各有25米宽的柱廊。南部柱廊墙壁上的浮雕展示了建筑师和工人用船将从阿斯旺开采的巨大方尖碑运送到卡纳克神庙的全过程，北部柱廊内部损毁较为严重，但还是可以看到人们用网捕捉河面水鸟，以及哈特谢普苏特化身为狮身人面的形象击败古埃及的敌人的部分浮雕。

沿着倾斜坡道来到中层的露天平台，这一层南北宽90米，东西长75米，其西侧和北侧建有柱廊。西侧柱廊与下层柱廊结构相同，西侧南柱廊内的浮雕描绘了女王派出的船队远征蓬特地区的情景，西侧北柱廊内的浮雕展现了女王诞生时太阳神阿蒙亲口承认哈特谢普苏特是自己女儿的情景，以此来强化女王登基的合法性。

北侧柱廊原本计划开凿4座神龛，但都没能完成。廊内现存的浮雕包括女王向阿努比斯、奈赫贝特、拉献上祭品的图案，以及图特摩斯三世向孟菲斯的冥神塞克献祭的浮雕，这里的女王雕像多数被摧毁，而其他浮雕则保存较好。

在中层的西北角有一座供奉阿努比斯的小神庙，它仅有一间多柱大厅，这里的浮雕展现了阿努比斯引领女王前往神殿的情景。

哈特谢普苏特神庙

露天平台的西南侧是供奉哈索尔女神的神殿。这座神殿有两间多柱大厅，墙壁上的壁画描绘着哈索尔女神哺育哈特谢普苏特女王的情景，在这里女王试图将自己营造成哈索尔的女儿。神庙的内部神殿中则同时供奉哈索尔与哈特谢普苏特。

沿中间层的倾斜坡道继续向上，来到哈特谢普苏特神庙的上层，在最前端是一面带有24根巨大立柱的柱廊，许多柱子前都雕刻着一尊高5.2米的以女王面容出现的奥西里斯神像，这些雕像原本可能涂绘有复杂的颜色，但大多数已经褪色。

柱廊后面是一间巨大的多柱大厅，共有72根立柱。这里墙壁上的浮雕主要表现为古埃及众神保护并引领女王登基加冕，同时还有女王主持的山谷盛宴和欧佩特节的节日庆典的场景。

神庙轴线最深处是供奉着阿蒙的神殿，被古埃及人称为“神圣中的神圣之处”（Djeser-Djeseru），是女王献给她的“父亲”阿蒙神的建筑。按照传统山谷神庙的特征，这间建在神庙中轴线最深处的内部神殿本应供奉哈特谢普苏特自己的雕像，但哈特谢普苏特却在这里供奉太阳神阿蒙。

哈特谢普苏特神庙俯瞰，摄于 2018 年

门楣上刻着女王跪在地上向两名背对背而坐的阿蒙神献祭的场景。前殿内放置着阿蒙神的圣船，穿过天窗的阳光能正好投射在这架圣船上。前殿的墙上描绘着哈特谢普苏特和图特摩斯一世献祭的浮雕，周围的神龛内雕刻着6尊阿蒙神像。穿过前殿进入

有两间侧室的走廊，其中北部侧室内的浮雕表现了赫利奥波利斯的九神团（以亚图姆为主），南部侧室内的浮雕则表现了底比斯的九神团（以孟图为主）。走廊尽头是供奉阿蒙神像的内部神殿，这间内部神殿自建成之后，一直到1000多年后的托勒密八世时期还在使用。

上层平台的北侧是供奉多位太阳神的神殿以及一座露天的祭坛，供奉的对象包括拉-赫拉克提、阿蒙，同时这里也出现了不少国王的雕像，例如阿赫摩斯一世、图特摩斯一世、哈特谢普苏特和图特摩斯三世，他们都表现为向阿努比斯、阿蒙-拉等众神献祭的造型。

上层平台的南侧则是单独供奉哈特谢普苏特和她的父亲图特摩斯一世的神殿，其中较小的北厅供奉着图特摩斯一世，较大的南厅供奉着哈特谢普苏特。南厅长13.25米，宽5.25米，高6.35米，深处还安装了一面红色花岗岩雕刻的假门，上面雕刻了女王坐在桌前接受祭品的画面。

哈特谢普苏特女王奥西里斯神像

有意思的是，哈特谢普苏特神庙前的甬道隔河遥指向5千米外的卡纳克神庙第八塔门，这座塔门正是哈特谢普苏特在位时期兴建的，其误差小于100米。如果哈特谢普苏特在国王谷为自己拓展的KV20墓不是为了避开不稳定的岩层而被迫转向的话，最终建造出来的效果应该是她的墓室恰好位于山谷神庙的正下方，并沿着山谷神庙的中轴线与卡纳克神庙第八塔门遥相呼应。

卡纳克神庙

卡纳克神庙位于今日埃及南部最大的城市卢克索北部，是整个埃及规模最大的神庙建筑群。它最早兴建于古埃及中王国时期的塞努塞尔特一世在位时期，并在后来30多位国王的不断建设下逐渐扩大，建造工程一直持续到托勒密王朝，前后历时1500多年，是建造时间和使用时间最久的古埃及神庙。

如今的卡纳克神庙共分为四个区域——阿蒙-拉区、穆特区、孟图区和阿赫那顿区。其中阿蒙-拉区是卡纳克神庙最主要的区域，总面积接近250 000平方米，该区域共有四座塔门入口，分别是西侧的第一塔门，南侧的托勒密三世塔门和第十塔门，以及东侧的图特摩斯神庙后门。

西侧围墙的第一塔门毗邻尼罗河，岸边有一座被称为阿蒙码头的沙岩平台，是供祭司们登船而修建的码头，这座码头通过一条被称为祭祀之路的倾斜坡道通往公羊大道。公羊大道两旁摆放着众多狮身羊首的阿蒙神像，这些造型独特的阿蒙神像原本摆放于卢克索神庙，后来被拉美西斯二世占用并搬到了这里。这条公羊大道原本直接通往现在的第二塔门，后来被第三十王朝奈克塔尼布一世增建的第一塔门阻隔。

第一塔门长113米，宽15米，高40米，两座塔楼上共建造了4座用来插旗的壁龛。这座塔门主体用泥砖建造，整体非常粗糙且似乎并未完工，塔门内部还堆积着众多未使用的泥砖。

通过第一塔门进入第一广场，这是一处相当空旷的区域，第二十五王朝的塔哈尔卡国王在这里修建了两排立柱，不过目前仅存一根，其他只剩下柱基。如今这里尚存着塞提二世百万年神庙（这里展现了塞提二世供奉阿蒙、穆特、孔苏3位底比斯三联神的浮雕）和拉美西斯三世神庙（这里展现了拉美西斯三世在众神面前击败敌人并获众神赐予生命的浮雕）。

在拉美西斯三世神庙与第二塔门之间，还有一座被称为布巴斯提斯大门的门楼，这是由第二十二王朝的舍尚克一世下令修建的，目的是为了庆祝他打败了迦南地区的犹太国王，这里的浮雕展现了阿蒙-拉手持宝剑，站在156个被征服的迦南地区城镇和村庄的名字前。

第二塔门最初由第十八王朝的霍伦海布开始修建，经过拉美西斯一世、塞提一世和拉美西斯二世三位国王的建设最终完成。这座塔门整体高30米，部分墙体被早期考古学家挖出一个大洞，发现其内部填充物全部来自阿赫那顿区被拆除的建筑。第二塔门的门廊由拉美西斯二世修建，门廊前两侧各有一尊拉美西斯二世的花岗岩巨像，门廊内的

卡纳克神庙塔门，摄于 2018 年

立柱浮雕上展现了拉美西斯二世在阿蒙神面前击败敌人的场景。在塔门两侧的墙壁上则表现了拉美西斯二世向众神献祭，以及底比斯三联神的圣船托起拉美西斯二世王名圈的浮雕。

穿过第二塔门继续向前来到多柱大厅，这是古埃及规模最大的多柱大厅，大厅纵深53米，宽103米。这间多柱大厅最初由第十九王朝的塞提一世修建，一开始仅有16根圆形立柱，后来经过拉美西斯二世的大规模扩建，最终共树立起了134根纸莎草柱饰的圆形立柱。拉美西斯二世还用浮雕装饰了多柱大厅南北两侧的内外墙壁，展现了塞提一世和拉美西斯二世击败敌人的场景，其中一面墙上铭刻了拉美西斯二世和赫梯国王签订的《银板和约》的文本。

多柱大厅之后是第三塔门，由阿蒙霍特普三世修建，如今已经损毁严重。墙面上的浮雕描绘了阿蒙霍特普三世从西亚地区各国获取的贡品的清单，同时还有阿蒙霍特普三世乘坐巨大的阿蒙-拉圣船的浮雕，这幅圣船浮雕的长度达到惊人的68米，是古埃及最大的单幅浮雕。

在第三塔门和第四塔门中间原本矗立着4座两两对称的巨大方尖碑，分别属于图特摩斯一世和图特摩斯三世，目前原址仅存图特摩斯一世的一座方尖碑，这座方尖碑用花岗岩雕刻而成，高达22米，重140吨，方尖碑上的王名后来被拉美西斯四世抹去，换成了他的王名。

图特摩斯一世方尖碑

第四塔门由图特摩斯一世修建，经过塔门入口之后是他修建的柱廊，这座柱廊的廊顶原本是木制，后来被图特摩斯三世用石制廊顶替换。这里原本矗立着两座哈特谢普苏特的方尖碑，其中一座已经倒塌碎裂，另外一座一直矗立到今天。这座方尖碑要比前面的图特摩斯一世方尖碑大得多，高30米，重323吨，从女王在位第15年冬季的第2个月开

始修建，用了七个月时间将花岗岩石块从阿斯旺的采石场剥离出来并运到此地（阿斯旺当地还残留着一块未完成的方尖碑，可能是这个过程中被放弃的残品），一直到第二年夏天才最终修建完成。女王显然对这两座方尖碑非常满意，她在尼罗河对岸的哈特谢普苏特神庙底层的浮雕上反复提及此事。

卡纳克神庙

第五塔门由图特摩斯一世开始修建，经过图特摩斯三世和阿蒙霍特普三世的扩建最终完成，塔门前立着一尊阿蒙霍特普三世的雕像。这里原本是另一座柱廊的入口，有20根立柱，但如今已经严重损毁。

第六塔门由图特摩斯三世修建，两边的塔门上刻着图特摩斯三世征服的120个西亚和努比亚城镇的名字。紧挨着塔门后面的是图特摩斯三世的“生命之宫”档案室，是他在位时储藏各地文献的地方。塔门后方的轴线旁立着两根对称的巨大立柱，一根柱子的柱首雕刻成象征上埃及的莲花形状，另一根则雕刻成象征下埃及的纸莎草形状。旁边的第二档案室内描绘了图特摩斯三世的战绩以及他得胜而归向阿蒙-拉神献祭的浮雕，附近的墙壁上则铭刻着他几次远征的详细记录。在第二档案室前有一座菲利普·阿瑞戴乌斯神庙，他是亚历山大同父异母的弟弟，在托勒密王朝建立之前曾短暂统治过埃及，他声称这座神殿是修复一座原本属于图特摩斯三世的神殿。

菲利普·阿瑞戴乌斯神庙后方则是整个卡纳克神庙最古老的区域，被称为中王国广场，这里原本是一座由第十二王朝的塞努塞尔特一世修建的神庙，但这座最古老的神庙已经彻底坍塌，只留下一片荒地，近年来，考古学家在这里发现了部分神庙墙体的遗迹。

中王国广场后面是由图特摩斯一世、图特摩斯二世和图特摩斯三世共同修建完成的神庙建筑群，因此被称为图特摩斯三世节日大厅，是卡纳克神庙举办塞德节庆典的区域。节日大厅纵深16米，宽44米，穹顶由2排共20根立柱支撑，这些柱子外围还有一圈32根被涂成红色的短柱，这种短柱可能和塞德节庆典的仪式有关。

节日大厅尽头有一座小建筑物，它就是相当有趣的图特摩斯三世“动植物园”，这里的墙上刻着图特摩斯三世一生多次远征亚洲所收集到的当地特色动植物的形象，这些都是埃及本地所没有的物种，图特摩斯三世认为这说明了阿蒙神的力量已经超越了埃及本土，创造出了许多前人未曾见过的动植物。

在这条连接卡纳克神庙第一塔门到图特摩斯三世节日大厅的中轴线两旁也有着不少重要的区域。例如多柱大厅北方的露天博物馆区，这里展出的是那些被后来的国王拆除，并被现代考古学家一一找回重建起来的早期神庙，例如塞努塞尔特一世的“白色神庙”、阿蒙霍特普一世的雪花石膏神龛，以及哈特谢普苏特的“红色神庙”等。在露天博物馆区的东南方向上则是由图特摩斯三世修建、经过后来历代国王扩建的普塔赫神庙。

而在中王国广场的南方则有一座长200米、宽117米的圣池，是古埃及祭司们清洁身体的地方，如今圣池里还有从尼罗河引入的清澈池水。

另外，在第三塔楼和第四塔楼之间（图特摩斯一世方尖碑之处），卡纳克神庙建筑群又向西南方向延伸出了一条几乎与中轴线垂直的新轴线，这里原本是祭司们掩埋不再使用的祭祀用品的区域，后来在哈特谢普苏特的规划下，这条轴线一直延伸到附近的穆特区。

新轴线沿途同样修建了多座塔门，这条轴线上的各塔门之间并未完全对齐，分别是图特摩斯三世修建的第七塔门、哈特谢普苏特修建的第八塔门、霍伦海布修建的第九塔门和第十塔门。在新轴线的西侧和外圈围墙之间的空地上，还有着一座孔苏神庙和一座奥西里斯与欧佩特节神庙。

外圈围墙正对着孔苏神庙入口处的是托勒密三世大门，这里有另一条由众多狮身羊首的阿蒙神像保护的公羊大道，通往西南方向2.7千米外的卢克索神庙。

除了阿蒙-拉区之外，卡纳克神庙还有位于阿蒙-拉区以南325米，面积约90 000平方米的穆特区（这里有穆特神庙和其他5座小神庙以及一座圣湖），以及位于阿蒙-拉区以北仅一墙之隔的面积约20 000平方米的孟图区（这里有孟图神庙、玛阿特神庙等建筑群），这两个区域正在进行考古发掘，因此暂时不对外开放。另外还有位于阿蒙-拉区以东的阿赫那顿区，遗憾的是，它在阿赫那顿死后不久就被彻底拆毁，拆除的石材被用来修建神庙的其他建筑。

卢克索神庙

卢克索神庙位于今日埃及南部最大的城市卢克索市中心，最初兴建于第十八王朝阿蒙霍特普三世在位期间，经过拉美西斯二世以及托勒密王朝的国王们的进一步扩建而达到今天的规模。整座神庙全长262米，宽56米，因拥有多达151根立柱而闻名。在罗马行省时代和阿拉伯时代，这座神庙的部分建筑曾被改建为不同宗教的建筑。

和其他神庙主要供奉的是神祇或去世国王的灵魂不同，卢克索神庙的崇拜对象更多的是活着的国王，或者说国王的“卡”魂，也就是国王的精神和生命力。由于卢克索神庙位于新王国时期的首都底比斯，神庙内许多建筑的功能可能都和国王的加冕仪式有关。

连接卡纳克神庙与卢克索神庙的公羊大道两旁有1000多尊狮身羊首的阿蒙神像，最早由阿蒙霍特普三世命人建造。公羊大道原本通往卢克索神庙的第一塔门，后来被第三十王朝的奈克塔尼布一世扩建的奈克塔尼布一世庭院阻隔。这座庭院入口的西侧有一座哈德利安在公元2世纪修建的供奉塞拉皮斯神（希腊化时期由奥西里斯和阿匹斯组合而成的神）的小神庙。

庭院后面是第一塔门，这座塔门高24米，宽65米，最早由阿蒙霍特普三世修建，后

卢克索公羊大道，通往卡纳克神庙

经过拉美西斯二世修缮并最终完成，墙上雕刻着国王在卡叠石与赫梯人战斗的浮雕。除此之外，拉美西斯二世还在门口增添了两座25米高的方尖碑以及两尊7米高的花岗岩坐像和4尊立像，其中一座方尖碑在19世纪被运往巴黎，立于今日的协和广场上。如今该区域尚存两尊坐像和西侧的头戴上埃及白冠的立像以及一座方尖碑。

穿过第一塔门进入大庭院，这里由拉美西斯二世修建完成，纵深57米，宽51米，整个庭院被围墙和环绕庭院内侧的双排74根巨大莲花形立柱包围，立柱间矗立着众多拉美西斯二世的雕像，但大多残损。庭院西北有一间供奉着底比斯三联神的小神庙。

大庭院通往阳光庭院的柱廊前还有两座拉美西斯二世的巨型坐像，其中左边的损毁较为严重，右边的保存较好，也是拉美西斯二世最著名的雕像之一。但柱廊由阿蒙霍特普三世所建，长26米，宽10米，柱廊内有两排共14根立柱支撑着如今已经残破不堪的廊顶，一直延伸到阳光庭院入口。

阳光庭院的规模和大庭院相差无几，又名“阿蒙霍特普三世阳光庭院”。它纵深45米，宽51米，东侧、西侧和北侧三个方向竖立着双排共60根纸莎草形立柱，阳光大厅的尽头通往“欧佩特节的阿蒙神庙”。这间神庙包括23间房屋和27间小厅，它的最前方是有着32根立柱的多柱大厅，随后经过神圣国王小室来到第二前厅，第二前厅的左侧房间就是国王加冕室。继续向前走到尽头，这里有一座亚历山大大帝在此修建的希腊风格的拱形神龛，神龛两旁还立着两根与周围的纸莎草立柱风格迥异的希腊科林斯式立柱，亚历山大神龛的左侧区域则是“诞生室”。

穿过亚历山大神龛和献祭前厅，即到达神庙最深处的阿蒙神殿。这间神殿由阿蒙霍特普三世修建，这里有用来放置阿蒙圣船的底座，是历年卡纳克神庙欧佩特节圣船游行的终点，墙上的浮雕则展现了阿蒙霍特普三世在众神面前加冕的情景。阿蒙神殿两旁的小神殿里，分别供奉着他的配偶穆特和儿子孔苏。

当地时间2021年11月25日，连接卢克索神庙与卡纳克神庙之间长达2.7千米的公羊大道经过历时7年的修复，正式对公众开放，这条连接着两座最古老的神庙的神圣通道将成为当地新的旅游景点。

丹德拉哈索尔神庙

丹德拉哈索尔神庙位于如今埃及丹德拉地区东南部，是古埃及末期修建的神庙中保存较好的一座。它最早兴建于古埃及第三十王朝最后一位国王奈克坦尼布二世时期，最终在托勒密王朝与罗马行省时代建造完成。

丹德拉哈索尔神庙供奉的主神是哈索尔女神，早在中王国时期，该地区就一直是女神的崇拜中心，现存的哈索尔神庙就建立在一座中王国时期的哈索尔神庙的废墟之上，

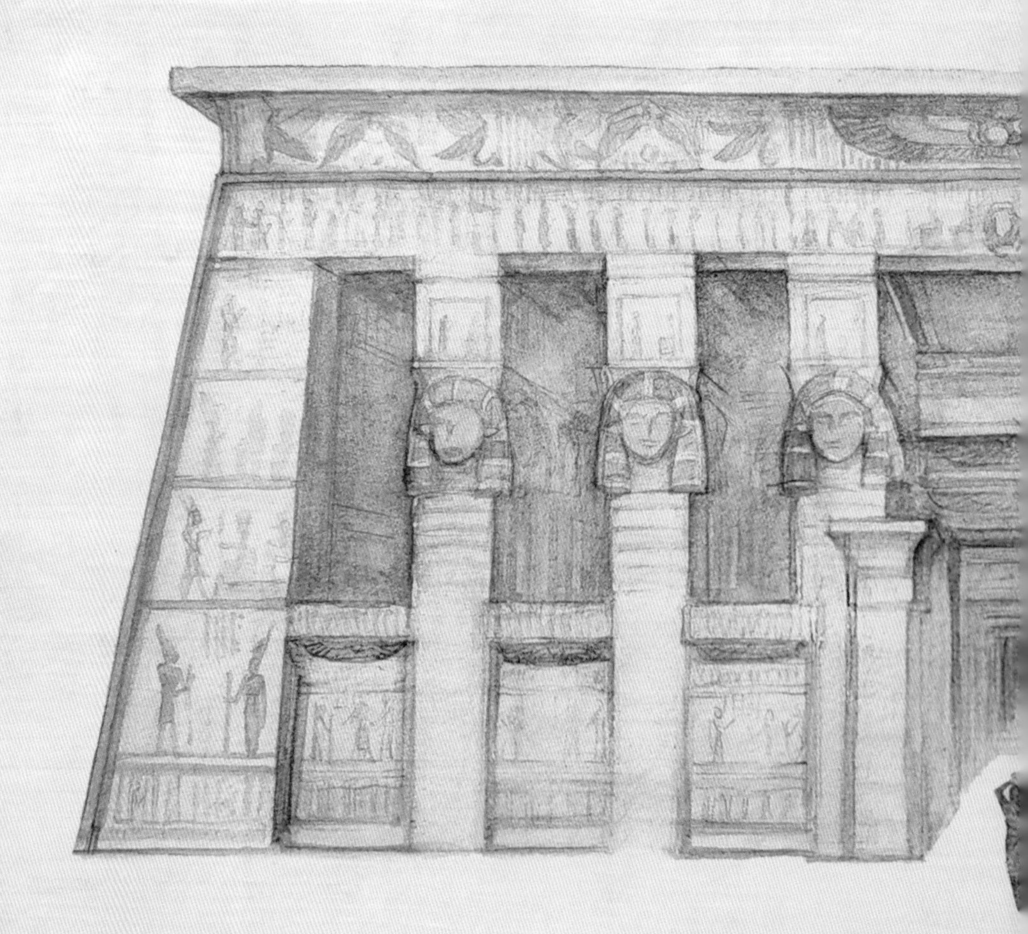

与附近的伊西斯诞生神庙、圣湖、丹德拉马斯塔巴墓等建筑共同构成整个丹德拉神庙群，这个神庙群被厚重的泥砖墙包围，占地约40 000平方米。

哈索尔神庙周围的墙壁上雕刻着许多国王向众神献上祭品的浮雕，神庙内部则包括24根雕刻着哈索尔女神头像立柱的多柱大厅、柱廊、储藏间、国库间、前厅、内部神殿等区域，以及周围众多献给不同神祇的小房间。由于其整体结构保存较为完整，因此还拥有其他神庙罕见的包括6间小神殿的顶楼以及12间用来储藏仪式用品的地下室。

丹德拉神庙最著名的“丹德拉星图”就位于神庙顶层的穹顶，这幅星图是古埃及人

丹德拉哈索尔神庙庙门

丹德拉星图

在接触了古希腊人的星座之后绘制出的古埃及星座图。整幅星座图被4名天空女神努特和8名荷鲁斯托举，以北极星为中心，由内圈的黄道带十二星座的图案和外圈代表36个星群的36名神祇组成。在这幅星图中，古埃及人使用古埃及特有的元素代替了希腊星图的元素，例如用豺狼替换了小熊，用公牛替换了金牛。

丹德拉的哈索尔神庙以其众多的精美浮雕而知名，其中就包括被称为“丹德拉灯”的浮雕。它位于狭窄的地下室的墙壁上，由于其图案近似于今天的电灯泡而令许多游客感到惊奇。事实上，这幅浮雕展现的是化身蛇形的哈索穆图斯神从盛开的莲花中出现

浮雕“丹德拉灯”

（哈索穆图斯是埃德夫地区崇拜的一个儿童神，可能是荷鲁斯或荷鲁斯之子），被周围一圈名为hn的长椭圆形符号守护着（该符号代表女神努特的子宫），同时被一座长着双手的杰德柱托举，正是这个图案被现代人误认为是带灯座的电灯泡。

阿拜多斯塞提一世神庙

这座神庙位于如今埃及中部的阿拜多斯地区，距离著名的阿拜多斯奥西里斯神庙仅800米，修建于古埃及新王国第十九王朝塞提一世在位时期，是这位国王在奥西里斯的崇拜中心修建的一座纪念神庙。

这座神庙整体呈“L”形，神庙最初建成时可能长170米，但如今神庙前段损毁严重，目前保存较为完整的区域长约110米，宽约76米。沿着一条向上的倾斜坡道通往露天平台和带有12根立柱的柱廊入口，然后进入多柱大厅。

多柱大厅的立柱和墙壁上的浮雕主要展示国王向奥西里斯以及他的配偶伊西斯和儿子荷鲁斯献上祭品的场景。大厅尽头有七座神龛，分别供奉着塞提一世、奥西里斯、伊西斯、荷鲁斯、阿蒙-拉、拉-赫拉克提和普塔赫，其中奥西里斯的神龛后方是通向柱廊的通道。

这条柱廊的廊顶同样被烟熏黑，通过柱廊来到奥西里斯一家的献祭大厅，这里有分别供奉奥西里斯、伊西斯和荷鲁斯的三间侧室，穿过这里即可到达著名的王名画廊——塞提一世为了强调自己王权的正当性，在画廊的墙壁上铭刻了3排每排38个王名圈、总共76名历代国王王名组成的列表（只有前两排是前代国王的王名，第三排则全部是塞提一世王名），被称为“阿拜多斯王名表”。出于对前代王权正统性的维护，这份王名表故意去掉了喜克索斯王朝诸王、哈特谢普苏特、阿赫那顿、斯门卡拉、图坦卡蒙等多位有争议国王的王名。

塞提一世神庙的最后是一间被称为奥西瑞翁（Osireion）的半地下结构建筑，这座神庙象征着奥西里斯之墓，同时也是塞提一世的纪念碑，其内部构造与国王谷墓葬极为类似，不过要小得多。

所谓“直升机、潜艇”铭文

和丹德拉的哈索尔神庙地下室中的“丹德拉灯”相似，塞提一世神庙中也有一幅因为涂层剥落而导致视觉误差的铭文。它位于塞提一世神庙入口东侧的横梁上，横梁上原本铭刻着对塞提一世的赞美词“他击退了九弓的敌人”，后来到了拉美西斯二世在位时，他命人用灰泥覆盖了原本的铭文，改为对自己的赞美词“他保护了埃及并消灭外国”，后来这层灰泥局部剥落，导致深浅不同的两层文字部分重叠，经过一些传播者故意将深浅两层的分界模糊化而产生了所谓的“古埃及直升机、潜艇”的谣言。

阿拜多斯塞提一世神庙

艺术篇

涂色的历史

也许是受到原始巫术理论中“感染论”的影响，古埃及人认为被画下来的形象是具有生命力的——画出的众神形象能够听到祈求者的话语并赐予庇佑；画出的人物形象可以代替其本人接受祭祀（这往往用于“死亡面具”和墓葬壁画之中）；而被画出的自然万物同样也象征着它们对应的本体。为此，古埃及人很早就开始有意识地描摹他们所看、所想的事物的形象，并赋予它们各种宗教和认知上的寓意。

古埃及常见的壁画、浮雕大致可以分为三种类型：宗教画、肖像画和墓葬画。下文即介绍一些古埃及不同时期流传下来的著名壁画和浮雕作品。

古王国——中王国时期

大臣荷希拉浮雕

时间：公元前 27 世纪中期

材质：木质

尺寸：高 114 厘米

出土地点：萨卡拉·荷希拉墓

收藏地点：埃及·埃及博物馆

荷希拉是古埃及第三王朝左塞尔国王的大臣，作为国王身边的近臣，他获得了在左塞尔阶梯金字塔附近拥有自己的墓葬和每年接受官方祭祀的资格。这组浮雕不仅描绘了荷希拉手持书写工具和权杖的形象，还描绘了他在享用祭品的画面。这一方面表现了他是一名显赫的文职官员，另一方面也预示着他在冥界能够获得祭品以补充生命力。

美杜姆的鹅

时间：公元前 26 世纪中期

材质：石膏

尺寸：高 27 厘米，宽 172 厘米

出土地点：美杜姆·奈菲尔玛阿特夫妻合葬墓

收藏地点：埃及·埃及博物馆

奈菲尔玛阿特是国王斯尼夫鲁的长子，但他并没有继承斯尼夫鲁的王位。这幅被称为“美杜姆的鹅”的壁画原本是他坟墓中一幅壁画边缘的装饰，后从墙体上脱落下来，直到被考古学家发现。尽管画面上仅仅简单地描绘了呈镜像分布的六只鹅，每边各有一只鹅在进食，另两只鹅在悠闲地走动。值得注意的是，这位不知名的画师通过极其高超的画技，将每一只鹅身体上的细节差异都表现得栩栩如生，再加上周围点缀的植物背景，以及过渡色的运用，将简简单单的画面表现得非常生动，堪称超越时代的现实主义作品。

乌纳斯墓铭文

时间：公元前 24 世纪中期

材质：石灰石

尺寸：不详

出土地点：乌纳斯金字塔

收藏地点：原址

乌纳斯是古埃及第五王朝最后一位国王，他在位期间并没有留下什么事迹。他的金字塔也同样因为质量问题而最终坍塌，但他墓室内的金字塔铭文却是古埃及迄今为止发现最早的成篇文学和最早的神话文本，上面记录了希望众神保佑乌纳斯死后能够升天与众神同在，并对那些不肯帮助乌纳斯的神施以诅咒。乌纳斯铭文对整个古埃及历史和神话学的研究有着极为重要的意义。

大臣梅汝卡监督浮雕

时间：公元前 24 世纪末期

材质：石灰石

尺寸：高 1.5 米，宽 0.6 米

出土地点：萨卡拉・梅汝卡墓

收藏地点：原址

浮雕上梅汝卡本人手持权杖的巨型肖像占据了画面的一侧，在他面前有无数身形渺小的工人，有的在饲养牲畜，有的在制作或修缮船只。国王的大臣们负责督查各地区的经济生产情况，这幅浮雕一方面反映了梅汝卡生前的监督职位；另一方面也反映了死者在冥界依然有众多工人为他工作。

大臣梅胡(Mehu)墓农业壁画

时间：公元前24世纪末期

材质：石膏

尺寸：高0.37米，宽1.43米

出土地点：萨卡拉·梅胡墓

收藏地点：原址

这幅壁画位于梅胡的马斯塔巴墓中。壁画所表现的内容并非是墓主——第六王朝大臣梅胡的肖像和事迹。而是一些农民在田地间收割农作物，另一些农民在运送牲畜的场景。这幅农业生产图展现了死者在冥界依然享受着别人为他工作的优渥生活。同时还有更深一层的含义——丰收的农作物象征着冥王奥西里斯的复活，寄托了人们希望墓主也能像奥西里斯一样死而复生的愿望。

大臣梅胡墓接受祭品壁画

时间：公元前24世纪末期

材质：石膏

尺寸：高2.33米，宽4.91米

出土地点：萨卡拉·梅胡墓

收藏地点：原址

这幅壁画中，梅胡坐在椅子上，面对着摆满食物、饮料、香油等祭品的桌子，众多身形渺小的仆人们则拿着各种猎物、牲畜、农作物、亚麻布、花草等生活所需品向他列队走来。在古埃及人的认知里，凡是能表现的情景都会变成现实。人们试图用这样的壁画来表达美好的愿望，祝福死者在冥界能如同画面一样享用人们的祭品，且可以衣食无忧地生活下去。

大臣梅胡墓假门

时间：公元前 24 世纪末期

材质：花岗岩

尺寸：高 2.66 米，宽 1.55 米

出土地点：萨卡拉·梅胡墓

收藏地点：原址

假门是古埃及墓葬中连接人间与冥界的象征性通道，死者的灵魂可以通过它返回人间享用祭品。它的外观看上去像是一层接一层叠加起来的古埃及神龛，但实际上是打不开的，因此被称为“假门”。最初的假门是雕刻出来的浮雕，到后来就逐渐简化为壁画了。

摔跤壁画

时间：公元前 21 世纪中期

材质：石膏

尺寸：高 3.9 米，宽 11.4 米

出土地点：贝尼哈桑·巴奎特三世墓（TT15）

收藏地点：原址

巴奎特三世是古埃及第十一王朝的一位地方官员。这幅巨幅壁画中完整地展现了上百名形态各异的士兵们一对一进行摔跤格斗训练的场景。由于当时的古埃及还没有形成职业化的军队，因此这可能是墓主所拥有的私人武装的训练场景，这些画像上的私募士兵不仅在墓主生前保护他的领土和财产，也在死后维护他坟墓的安宁。

克努姆霍特普二世墓飞鸟壁画

时间：公元前 19 世纪初期

材质：石膏

尺寸：不详

出土地点：贝尼哈桑·克奴姆霍特普二世墓（BH3）

收藏地点：原址

这幅壁画位于克努姆霍特普二世的墓中（他是阿蒙尼姆赫特二世在位时期的一位州长），绘制这幅壁画的无名画师通过极为细腻的笔触，描绘出了众多形态各异的鸟类栖息于树上的场景，现代的鸟类学家甚至可以分辨出壁画上不同鸟类的品种。

亚洲贸易使团壁画

时间：公元前19世纪初期

材质：石膏

尺寸：不详

出土地点：贝尼哈桑·克奴姆霍特普二世墓（BH3）

收藏地点：原址

这幅壁画同样位于克奴姆霍特普二世的墓中，描绘着几名身穿外国服饰、肤色与古埃及男性截然不同的外国男人正牵着各种牲畜站成一列，铭文中声称这些亚洲人是专程前来进献动物的，但实际上这是喜克索斯人的贸易使团。从中王国时期开始，这种外国人进献贡品的壁画就很受欢迎，象征着国王和各地区贵族们的威严令外国人主动臣服。

新王国——后王国时期

图特摩斯三世墓室众神壁画

时间：公元前15世纪中期

材质：石膏

尺寸：不详

出土地点：卢克索国王谷·图特摩斯三世墓（KV34）

收藏地点：原址

图特摩斯三世的墓室墙壁上绘满了古埃及众神的形象，尽管许多神的线条描绘得非常简略，但其数量多达2000多名，为现代人了解古埃及众神留下了一份相当重要的名册。现代的考古学家已经完成了对图特摩斯三世墓室的1∶1扫描还原重建，并通过巡回展览的方式让全世界的观众都能看到这座墓室的原貌。

劳动壁画

时间：公元前15世纪末期

材质：石膏

尺寸：高1.8米，宽12.5米

出土地点：卢克索·雷克米尔墓（TT100）

收藏地点：原址

这幅壁画出土于雷克米尔墓的长廊中。这幅壁画反映了图特摩斯三世和阿蒙霍特普二世时期的宰相雷克米尔监督工人们工作的场景。有的人在这位被表现得体型巨大的墓主面前生产珠宝、陶罐、鞋子，冶金和烧砖，同时还有的人在酿酒或烘烤面包，完整地展现出了新王国时期各种手工业的劳动场景。

梅纳(Meena)墓渔猎图

时间：公元前14世纪初期

材质：石膏

尺寸：不详

出土地点：卢克索·梅纳墓

收藏地点：美国·大都会艺术博物馆

这幅壁画位于第十八王朝的书吏梅纳的墓中（TT69），画面左侧的梅纳手持古埃及的投掷武器——掷棍，正在猎取飞过的鸟类；画面右侧的梅纳则手持长叉刺向水中的鱼类。他站在芦苇船上，被妻子、儿女、仆人围绕。这可能是在展现墓主生前喜欢的狩猎活动的情景，用来展现他旺盛的生命力。这幅壁画之所以著名，主要是体现了古埃及绘画中根据人物地位的差异而出现的人物体型尺寸的差异，图中墓主梅纳体型巨大，他的妻子则略小一些，至于其他人则缩小到连梅纳一半的身高都不到。

梅纳墓农业壁画

时间：公元前 14 世纪初期

材质：石膏

尺寸：不详

出土地点：卢克索·梅纳墓

收藏地点：美国·大都会艺术博物馆

农业是古埃及最基础也是最重要的产业，这幅出土于梅纳墓的壁画就翔实地反映了古埃及农耕收获时的场景，将农作物收割、搬运、清点、记录产量等活动详细地描绘出来，最终将收获的粮食奉献到墓主面前，为他在冥界的生活提供赖以为生的粮食。

纳克赫特墓女乐师图

时间：公元前14世纪初期

材质：石膏

尺寸：高0.4米，宽0.5米

出土地点：卢克索·纳克赫特墓（TT52）

收藏地点：原址

这幅壁画出土于祭司纳克赫特墓，他是古埃及第十八王朝图特摩斯四世时期的天象祭司。壁画中最著名的是三名正在宴会中演奏乐器的舞女的形象，其中一人正在弹奏九弦竖琴，中间的舞女则衣着暴露，弹奏着拨弦乐器，回头和身后的同伴交流，另一名舞女则平抬双手吹奏双笛。这幅图既生动又妙趣横生，成为新王国时期古埃及壁画艺术的巅峰之作。

内巴蒙(Nebamun)壁画组图

内巴蒙是一名生活于古埃及第十八王朝的卡纳克神庙书吏，他生前负责监督粮食种植和收割，并对收获作物的数量进行记录。他的墓葬中绘制了大量记录他日常生活、院落景观、工作场景的壁画，成为现代人了解古埃及第十八王朝时期贵族生活的重要参考。这些壁画后来被英国人掠夺走，大多数都收藏于大英博物馆。

内巴蒙宴会图

时间：公元前14世纪中期

材质：石膏

尺寸：高88厘米，宽99.5厘米（第一张）；高76厘米，宽126厘米（第二张）

出土地点：不详

收藏地点：英国 · 大英博物馆

这幅壁画展现了内巴蒙举办宴会的情景，壁画上层是参加宴会的贵族男女宾客，所有人都穿戴着华丽的服饰，头顶着香油膏，互相传递着莲花（莲花的香气在古埃及宗教中有着“生命气息”的寓意，同时香气之神奈菲尔特姆的莲花还代表着好运），宾客正在侍女们的伺候下尽情欢宴。而在同一幅壁画的下层，一些女乐师正使用多种乐器演奏音乐，在她们面前，两名几乎一丝不挂的舞女正在表演舞蹈。整幅壁画虽已残缺，但是依然能生动地展现出新王朝初期的贵族们宴会的风貌。

内巴蒙狩猎图

时间：公元前 14 世纪中期

材质：石膏

尺寸：高 98 厘米，宽 115 厘米

出土地点：不详

收藏地点：英国 · 大英博物馆

使用掷棍狩猎鸟类似乎是新王国时期古埃及人的流行运动，它全方位地考验参与者的力量、技巧和准确度。和更早一些的梅纳墓中壁画所表现的一样，内巴蒙也站在芦苇船上，在家人的簇拥下手持掷棍去捕捉从沼泽芦苇丛中惊飞的水鸟，他的手中已经抓获了四只，面前还有一只猫正跳起来咬住一只要飞走的水鸟。这只猫可能是内巴蒙饲养的宠物，它的出现让这幅壁画比同题材的梅纳墓壁画要生动许多。作为墓室的主人，内巴蒙在壁画中远比其他人高大。

内巴蒙墓庭院图

时间：公元前14世纪中期

材质：石膏

尺寸：高64厘米，宽74.2厘米

出土地点：不详

收藏地点：英国·大英博物馆

这幅画面上是内巴蒙生前居住的院落景象，或是人们希望他在冥界生活的环境。画面中央是一个生活着众多的鱼类和水鸟、长满莲花的人工水池，四周围绕着品种不一的树木。古埃及新王国时期，阿蒙霍特普三世在王宫中令人挖掘出名为"涅布马拉之屋为阿顿之光"的人工湖，一些小型的人工水池可能在更早之前就出现在一些贵族的庭院中。这幅壁画没有使用透视原则，而是直观地将绘画元素铺陈于画面之中。

内巴蒙畜牧图

时间：公元前14世纪中期

材质：石膏

尺寸：高58.5厘米，宽106厘米

出土地点：不详

收藏地点：英国·大英博物馆

这幅壁画展示的是牧民们将牛群带到内巴蒙面前的场景，尽管画面上半部分丢失，但从工人们跪地亲吻他脚前的土地可以推测出身体缺损者正是墓主内巴蒙本人。内巴蒙生前是卡纳克神庙负责记录农业产量的书吏，这幅图一方面生动地记录了内巴蒙的日常工作——统计饲养牛的数量；另一方面也是在为他的冥界生活提供保障。

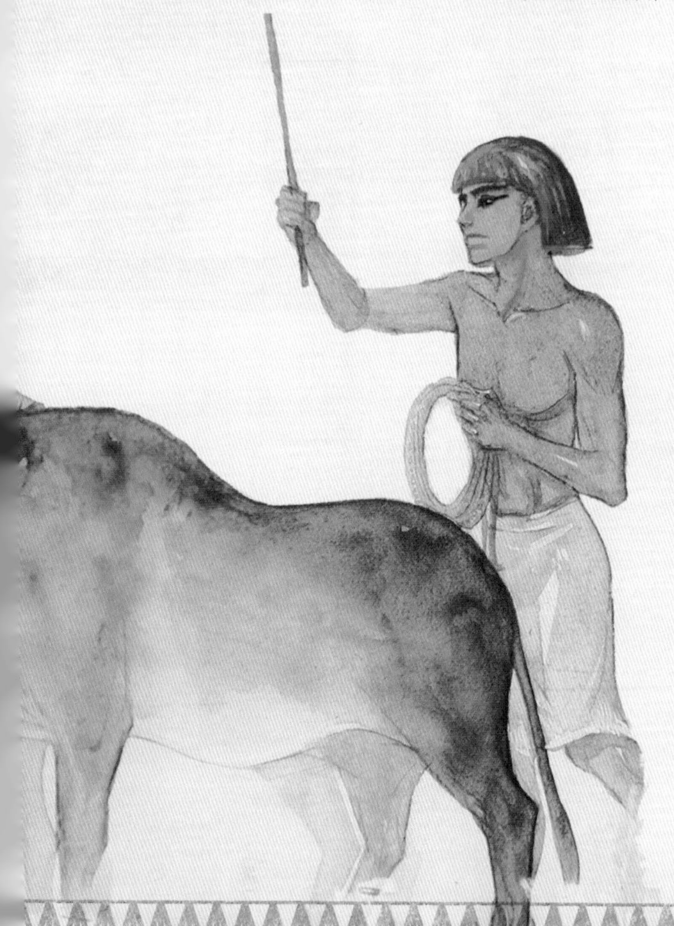

阿赫那顿崇拜太阳壁画

时间：公元前14世纪中期

材质：石灰石

尺寸：高53厘米，宽48厘米（第一件）；高32厘米（第二件）

出土地点：不详

收藏地点：埃及·埃及博物馆/德国·柏林埃及博物馆

阿赫那顿是古埃及著名的宗教改革者，在他任期内，绝大多数古埃及传统神祇的崇拜被禁止，只剩下他本人崇拜的古老太阳神——阿顿。阿顿是太阳日晕的化身，通常表现为一轮向周围伸出密集手掌的太阳。这两幅壁画中，一幅是国王带着王后向阿顿神献上祭品，另一幅则是国王和王后怀抱着子女面对面而坐。两者将国王其乐融融的家庭生活生动地展现了出来，而不再是像之前国王壁画中所展现出来的严肃、刻板的形象——这种高度写实的艺术风格被称为阿玛尔纳风格。但由于阿赫那顿的宗教改革不得人心，许多这种风格的艺术品都被反对者们破坏了，存世作品很少，因此具有极高的艺术价值。

2022.8

塞塔蒙公主金箔画

时间：公元前14世纪中期

材质：黄金

尺寸：高20厘米

出土地点：卢克索国王谷
尤亚和图育墓（KV46）

收藏地点：埃及·埃及博物馆

这幅金箔镜像画是尤亚和图育（他们是阿蒙霍特普三世王后泰伊的父母）合葬墓中出土座椅上的装饰画，画上呈镜像背对背而坐的是他们的外孙女塞塔蒙公主，公主端坐于宝座之上，侍女们端上她的颈饰供她装扮。这位公主是著名的宗教改革者阿赫那顿的姐妹，这幅金箔画创作完成时间显然早于他的执政期，否则画上展翅的太阳形象就不会出现了。

拉莫斯墓哭丧图

时间：公元前 14 世纪中期

材质：石膏

尺寸：高 0.3 米，宽 2 米

出土地点：卢克索·拉莫斯墓（TT55）

收藏地点：原址

拉莫斯是阿赫那顿时期的宰相。壁画左侧是一群人正在将随葬物品搬入墓葬中，他们拿着桌椅、床凳、瓶罐等供死者在冥界生活的随葬品。在他们对面站着许多身穿白色衣服的妇女，她们神情悲痛，高举双手朝天哭泣，向死者表达哀思。在古埃及，确实存在着许多以哭丧为生的职业女性，她们会在死者下葬的时候痛哭、呼喊来渲染悲伤的氛围，有时还要表现得悲痛到撕扯衣服、把泥土撒在自己头上，由此可见，这些古埃及职业哭丧妇女们的地位是卑微的。

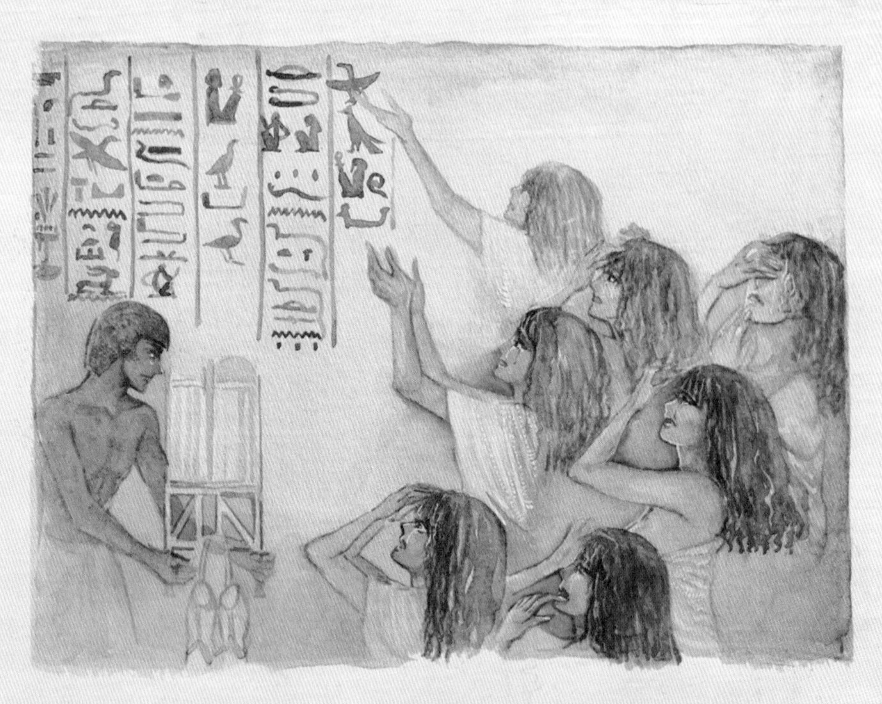

图坦卡蒙黄金宝座装饰画

时间：公元前 14 世纪末期

材质：黄金

尺寸：高 60 厘米，宽 60 厘米

出土地点：卢克索国王谷・图坦卡蒙墓（KV62）

收藏地点：埃及・埃及博物馆

这幅画位于图坦卡蒙墓中的国王黄金宝座靠背上，是黄金座椅的装饰画。画面中国王坐在椅子上，和他的王后安可苏娜蒙面对面，两人都头戴王冠、穿着华丽的服饰，上方保留着阿玛尔纳时期的太阳神阿顿的太阳之手的符号。值得注意的是，这幅画中的图坦卡蒙的两只手都是左手（他本人的木乃伊双手正常），但这个错误可能并不是出于工匠的疏忽——因为对面的安可苏娜蒙的双手就是正常的左右手。

在其他壁画中，同样出现过长着两只左手的形象——例如塞提一世时期的王宫总管胡内夫（Hw-nfr）的死者之书中，他本人也以双左手的形象出现，而在他身前领路的荷鲁斯则双手正常。

拉美西斯一世战胜巨蛇

时间：公元前13世纪初期

材质：石膏

尺寸：高1米，宽1.2米

出土地点：卢克索国王谷·拉美西斯一世墓（KV16）

收藏地点：原址

太阳神和巨蛇阿佩普是古埃及神话中的一对死敌，每天晚上太阳沉入大地后，盘踞在黑暗之中的巨蛇就会攻击太阳神乘坐的太阳船，试图吞噬太阳以阻止它第二天升起。而太阳神在众神的保护下最终会战胜巨蛇，安全渡过冥界，开始新一天的征程。许多国王的墓葬壁画上都有国王与太阳神一起渡过冥界的情景，有时国王也会化身为神力强大的神，亲自战胜巨蛇，保护了太阳神并获得永远乘坐太阳船的资格。这幅壁画中的拉美西斯一世就亲自制服了盘在一起的巨蛇，保护了以羊神克奴姆形象出现的太阳神。

森尼杰姆(Sennedjem)墓众神壁画

森尼杰姆是塞提一世和拉美西斯二世时期的王室工匠，负责为国王们在国王谷的坟墓进行装饰，他生前和妻子住在戴尔麦地那的工匠村，并在死后葬于当地的墓穴中。他的墓穴于 1886 年被发掘出土，因此被编号为当地第 1 号墓地（TT1），他的墓葬壁画因为有着众多广为人知的古埃及众神形象而闻名。

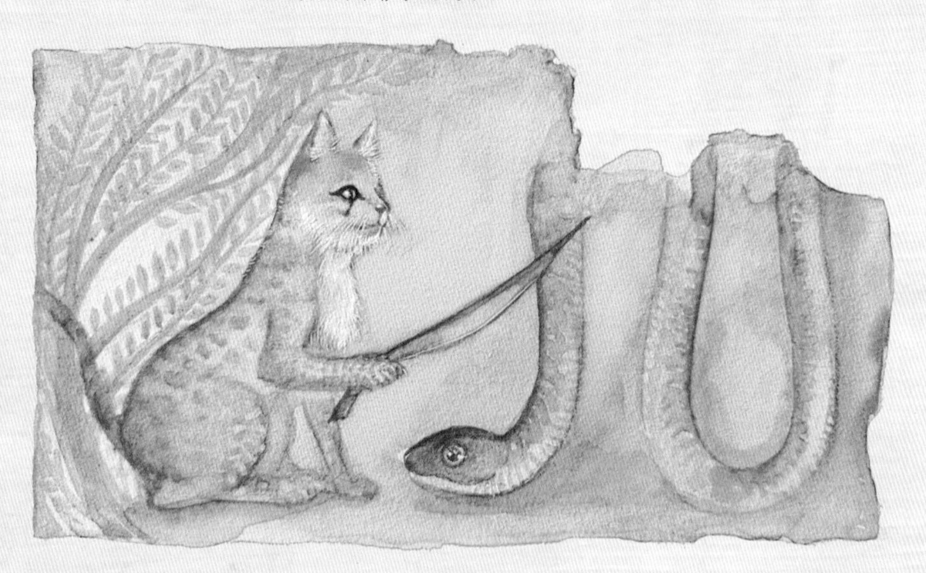

杀死阿佩普的猫

时间：公元前13世纪中期

材质：石膏

尺寸：高0.3米，宽1.1米

出土地点：卢克索·森尼杰姆墓（TT1）

收藏地点：原址

古埃及人认为太阳神每天夜晚经过冥界并杀死守在那里准备袭击太阳船的巨蛇阿佩普，因此猫杀死蛇成为埃及神话的重要主题之一。这幅森尼杰姆墓壁画上生动地展示了太阳神化身为一只体型巨大的猫，拿着一把羽毛状的刀切割一条巨大的毒蛇，象征着太阳神又一次战胜了巨蛇。

阿努比斯照顾森尼杰姆的木乃伊

时间：公元前 13 世纪中期

材质：石膏

尺寸：高 1.5 米，宽 1.8 米

出土地点：卢克索 · 森尼杰姆墓（TT1）

收藏地点：原址

广为人知的古埃及壁画代表作之一，画面中阿努比斯（或者是头戴阿努比斯面具的祭司）正在照顾墓主的木乃伊。神话中最早的木乃伊就是由阿努比斯所制作，他也被认为能够保护死者的身体不受邪恶侵害，并引领他们的灵魂进入冥界接受奥西里斯的审判。

阿尼的纸草

时间：公元前 13 世纪中期

材质：莎草纸

尺寸：长 67 厘米，宽 42 厘米

出土地点：不详

收藏地点：英国 · 大英博物馆

这幅画发现于《阿尼的纸草》中第八部分“量心仪式”篇章中。《死者之书》是古埃及丧葬文化中一种特殊的纸本仪式道具。这种在莎草纸上描绘出古埃及众神的形象来帮助死者辨认区分他们，并帮助死者通过他们考验的咒语文本，最早起源于古王国时期的金字塔铭文和后来的石棺铭文，最后定型为莎草纸文本。这些《死者之书》由专门的书吏为不同的死者量身定制，并随死者一同下葬（有时候甚至会画在缠裹木乃伊的亚麻布带上），以便死者进入冥界后能够通过众神审判获得进入芦苇地永生的资格。在出土的众多《死者之书》中，尤其以《阿尼的纸草》保存得最为完好也最长（24米），因此广为流传。

冥界第一时间壁画

时间：公元前13世纪中期

材质：石膏

尺寸：高6.05米，宽5.5米

出土地点：卢克索国王谷·塞提一世墓（KV17）

收藏地点：原址

这幅壁画展现的是太阳船进入冥界后第一个小时中经过的区域和发生的事件。画面中可以看到古埃及众神的形象，其中最上方就是展开双翼的伊西斯女神，而画面的右下角则是列成一队的古埃及众神。塞提一世和太阳神面对面站立，手捧着盛放香料或油膏的罐子正在献给太阳神。

卡叠石之战铭文

时间：公元前 13 世纪中期

材质：石灰石

尺寸：不详

出土地点：阿布辛贝勒神庙

收藏地点：原址

这幅浮雕壁画发现于阿布辛贝勒神庙前庭的北面墙壁上，该壁画以极其巨大的全景画面表现了拉美西斯二世与赫梯人在西亚卡叠石地区战斗的场景。画面中拉美西斯二世乘坐马车弯弓搭箭冲向卡叠石城，他的形象最为巨大，占据了壁画上方的画面，下方则是数量众多的列队战车兵和步兵，在他们对面，赫梯人正在卡叠石城内和古埃及士兵们激战。该壁画人物之众多、场面之宏大都是古埃及历代壁画中所罕见的，拉美西斯二世通过这幅巨型浮雕壁画展现了自己的丰功伟绩。

妮菲塔莉肖像画

时间：公元前 13 世纪中期

材质：石膏

尺寸：高 2.7 米

出土地点：卢克索王后谷·妮菲塔莉墓（QV66）

收藏地点：原址

这幅肖像画出自妮菲塔莉墓的壁画上。妮菲塔莉是拉美西斯二世最早的两位王后之一，他们的女儿梅莉塔蒙公主后来也成为了拉美西斯二世的王后，这充分说明了她受到拉美西斯二世的宠爱。由于她的木乃伊已经严重损毁（仅存腿部），因此现代人只能通过她墓葬内这幅头戴秃鹫王冠的肖像画来见证这位古埃及著名王后的容貌。

妮菲塔莉《死者之书》壁画

时间：公元前 13 世纪中期

材质：石膏

尺寸：高 0.6 米，宽 1.8 米

出土地点：卢克索王后谷 · 妮菲塔莉墓（QU66）

收藏地点：原址

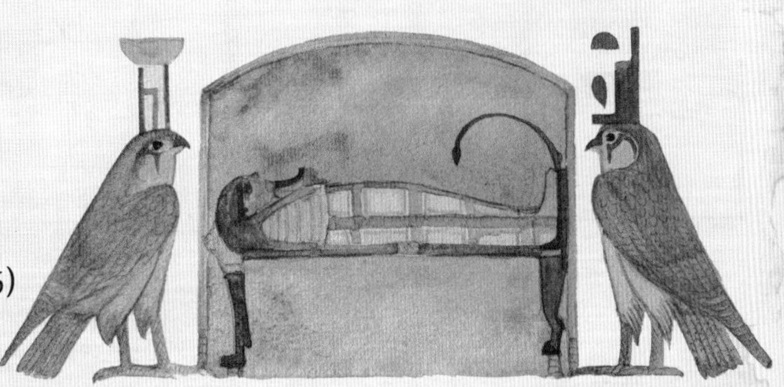

这幅壁画同样出自妮菲塔莉墓中，图中妮菲塔莉的木乃伊平躺在圣龛的台子上，被化身为鹰形的伊西斯和奈芙蒂斯一右一左守护着，两旁则是圣苍鹭和手持棕榈枝的祭司。图中的妮菲塔莉木乃伊的脸被涂成了绿色，这象征着她和奥西里斯融为一体。这幅壁画是妮菲塔莉《死者之书》第十七章内容的插图。

荷鲁斯和阿努比斯壁画

时间：公元前 13 世纪中期

材质：石膏

尺寸：不详

出土地点：卢克索 · 帕谢杜墓（TT3）

收藏地点：原址

这幅壁画出土于拉美西斯二世时期的王室工匠帕谢杜墓的墓道。众神的形象一直是古埃及墓葬壁画的主题之一。门廊墙壁上，可以清晰地看到化身为犬形的阿努比斯卧在圣台上；门廊上方，鹰形的荷鲁斯展开双翼在守护着死者的坟墓；而在一侧的墙壁上，死者跪在棕榈树下向众神祈求保护。

猫驱赶鹅的漫画

时间：不详，大约在公元前12世纪

材质：石灰石

尺寸：高11厘米

出土地点：卢克索·戴尔麦地那工匠村

收藏地点：埃及·埃及博物馆

这幅画出土于戴尔麦地那工匠村遗址，画面上是一只像人一样双足站立的猫正挥舞着木棍驱赶六只鹅的情景。古埃及人并不只会画半人半兽的众神，有时也会创作一些具有讽刺或幽默意味的动物拟人作品，例如这幅猫驱赶鹅以及另一幅羚羊和狮子下棋的画。

拉美西斯三世与伊西斯壁画

时间： 公元前 12 世纪初期

材质： 石膏

尺寸： 高 1.6 米

出土地点： 卢克索王后谷·阿蒙赫克普谢夫王子墓 (QV55)

收藏地点： 原址

这幅壁画出土于拉美西斯三世的王子阿蒙赫克普谢夫的墓中，壁画上拉美西斯三世紧握着伊西斯女神的手，象征着国王与女神紧密连接，女神赋予国王生命和权力。国王和众神同在是国王墓葬中的常见元素，不过，由于这幅壁画中的伊西斯头戴着哈索尔女神的日轮牛角王冠，因此经常被误认为哈索尔，但是女神面前清晰地写着伊西斯的名字。

彩绘石棺

时间： 公元前 11 世纪末期

材质： 花岗岩

尺寸： 长 1.9 米

出土地点： 德尔巴赫里

收藏地点： 埃及 · 埃及博物馆

这件彩绘人形石棺出土于德尔巴赫里地区的祭司帕卡（Pakhar）的墓葬中，死者是第二十一王朝的祭司，人形棺外部按照死者的面容制作了脸部，同时绘制了形态各异的古埃及众神的形象和保护死者身体的咒语，棺材内侧底部则是展开双翼的女神形象（可能是伊西斯），用来保护死者的身体。其实带有彩绘的石棺在整个古埃及时期都很常见，但大多数棺材都在古埃及时期和后来的多次大规模盗墓中被毁坏（为了刮去棺材上的金箔），因此这件彩绘石棺因保存完整而著称。

丹德拉神庙黄道带星座图

时间：公元前 1 世纪中期

材质：石灰石

尺寸：直径 2.5 米

出土地点：基纳 · 丹德拉神庙

收藏地点：法国 · 卢浮宫博物馆

这幅浮雕壁画原本位于丹德拉神庙顶层的穹顶上，描绘的是古埃及人从希腊地区学会用星座来表示星空方位之后，结合古埃及众神创作的黄道带星座图，被众神托举的圆盘上绘制了众多古埃及神的形象，每一位古埃及神都对应着夜空中的一个星座。可惜的是，这幅浮雕最终被法国人掠走，如今收藏于法国的卢浮宫博物馆内。

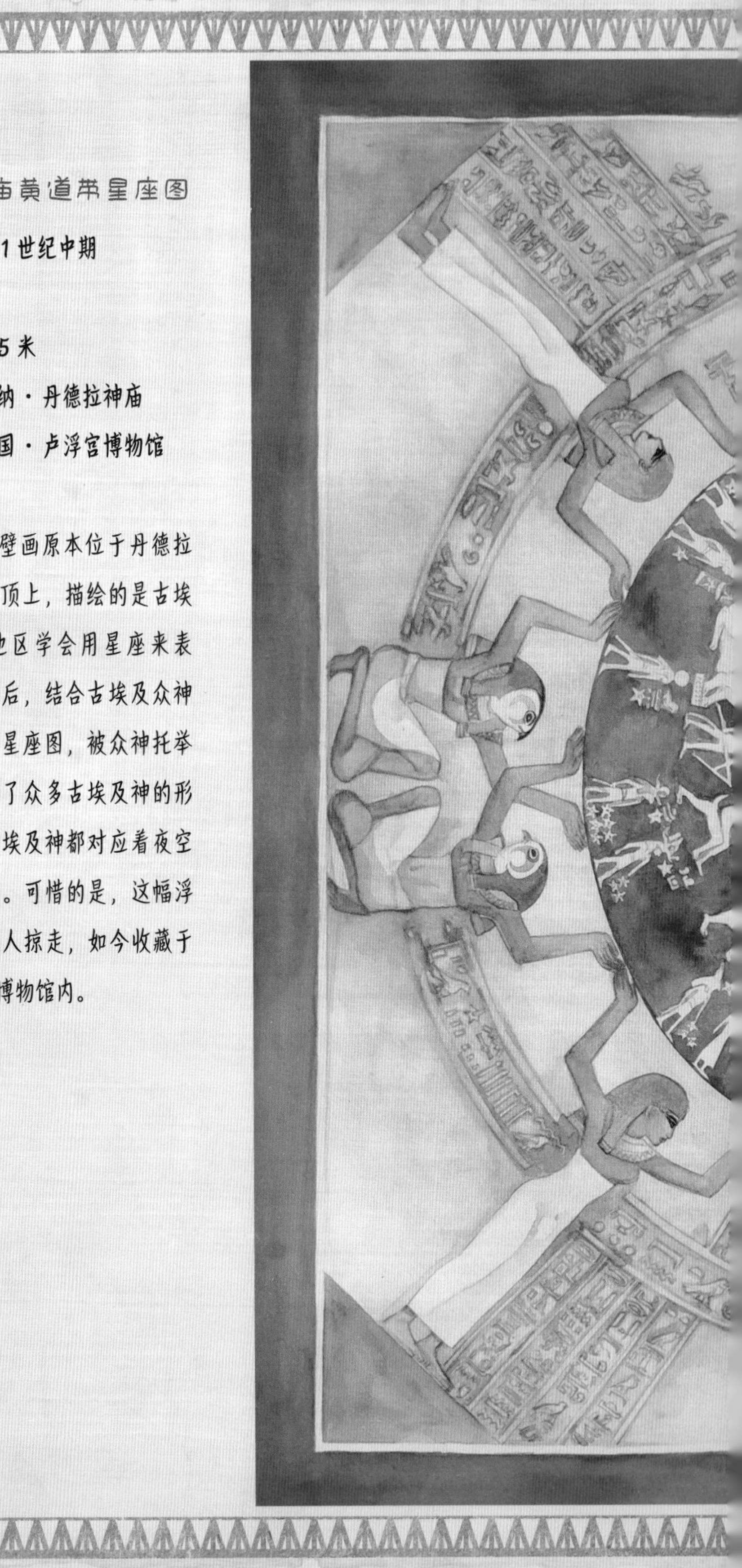

发饰—塞提一世雕像
耳环—塞提二世墓葬
项饰—图坦卡蒙墓葬

美神的恩泽

对古埃及人来说，黄金是众神的血肉，白银是众神的骨骼，而各种宝石矿物则产自众神的身体。使用这些矿物和宝石制作成精美的首饰或装饰品，一方面，可以让拥有者展现自己的财富和地位；另一方面，也通过这些饰品，使佩戴者和对应的神建立起了一种宗教上的神秘联系，使佩戴者获得神的保护。

经过数千年的发展，古埃及人——尤其是古埃及的王族和贵族官员们对首饰精美程度的不懈追求，促进了古埃及珠宝工艺不断发展，最终达到了精美绝伦的水平，再搭配上别具沙漠气候特色的古埃及贵族服饰，将埃及人自古以来对美的追求展现得淋漓尽致。

前王国——早王国——古王国时期

彩色石串

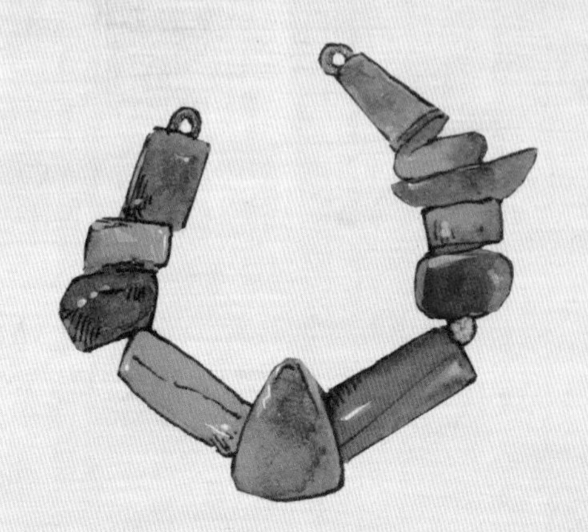

时间：公元前34世纪

材质：青金石，滑石，石英，玛瑙

尺寸：长11.5厘米

出土地点：乌姆赛德地区

收藏地点：美国·波士顿美术博物馆

这串由不规则的石英、滑石、玛瑙和青金石组成的串珠饰品，是古埃及目前已知的最早的串珠。它的制作工艺不能和之后的饰品相比，但是这条珠串中色泽深邃、杂质极少的青金石和色泽鲜艳的玛瑙等名贵矿石说明了它的主人非富即贵。

亚麻衣服

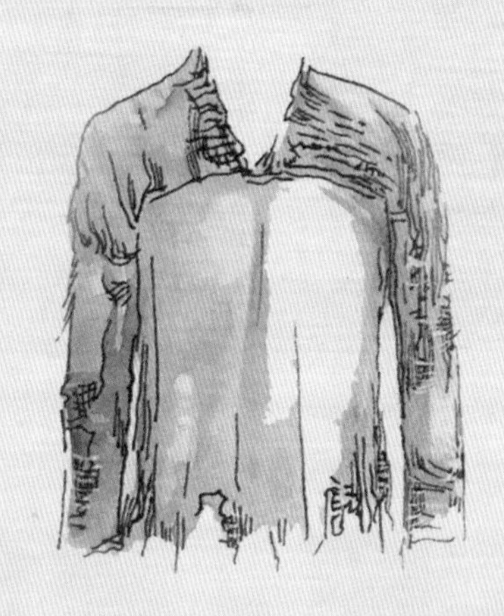

时间：公元前 32 世纪

材质：亚麻

尺寸：长 58 厘米

出土地点：塔克汗地区

收藏地点：英国·皮特里埃及考古博物馆

这件由三块亚麻纺织物缝合在一起的衣服在众多精美的古埃及文物中看起来并不起眼，频繁地穿用让它的表面满是褶皱，风化和虫蛀更是使它显得残破不堪。考古人员最初在埃及的塔克汗地区发现它时，初步分析认为它是早王国时期的织物，但是2015年时英国的皮特里埃及考古博物馆对它进行了采样分析，C14技术显示这些亚麻从收割到被缝制成衣的时间是公元前32世纪，是目前已经发现的最古老的手工织物，说明从前王国起，古埃及人的纺织技术就已经比较完善了。

金蜗牛项链

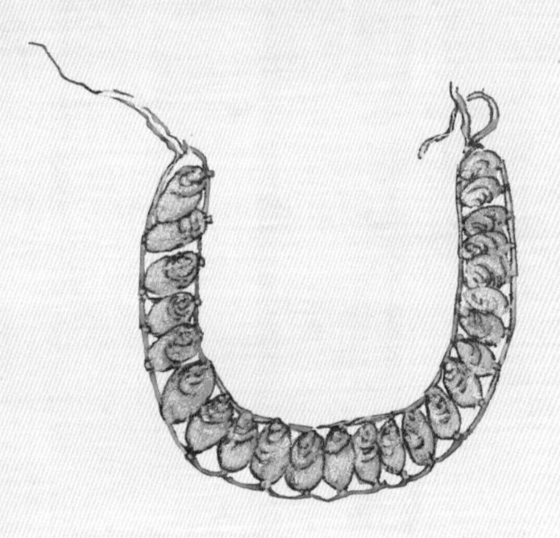

时间：公元前29世纪

材质：黄金

尺寸：长25厘米

出土地点：涅加达地区

收藏地点：埃及·埃及博物馆

这条由24只金蜗牛壳串连而成的项饰出土于涅加达的国王陵墓区，这里安葬着古埃及第一、第二王朝的众多国王。1903年，考古学家们在当地一座已坍塌的早王国时期神庙废墟中发现这串金蜗牛壳项饰时，将它串编起来的绳子已经腐朽，不过它还保留着成串时候的样子，因此得以被文物修复师重新按原样串连起来。这些金蜗牛壳是用金箔弯曲焊接而成的空心饰品，这对于早王国时期来说已经是极为精湛的手工技艺了。

珠串衣服

时间：公元前 26 世纪

材质：彩陶，亚麻

尺寸：长 1.1 米，宽 0.74 米

出土地点：吉萨地区

收藏地点：埃及·埃及博物馆

这件由亚麻绳子和无数彩陶柱状珠子编缀而成的镂空吊带连衣裙自修复完成后就惊艳了众多观赏者，人们认为它的精美和时尚程度超越了时代，至今依然能够引领时尚潮流。但是这件连衣裙1933年在吉萨地区出土时，由于编缀彩陶珠子的亚麻绳子完全腐朽，数以万计的珠子散落在墓主的身体周围，直到2001年才由几位女性考古学家参考古埃及同款裙装的壁画将其重新编缀复原。

珠串项饰

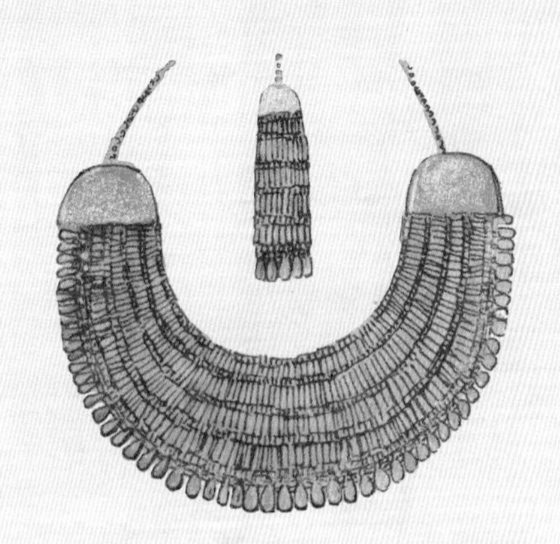

时间：公元前 24 世纪初期

材质：费昂斯，黄金

尺寸：高 20 厘米，宽 26 厘米

出土地点：吉萨地区

收藏地点：奥地利·维也纳艺术史博物馆

这件出土于吉萨地区的珠串项饰由大量柱状费昂斯珠子编串而成，带上最外层水滴形费昂斯珠子共五层，每一层的绳子两端均由表面覆盖金箔的费昂斯片固定。除了正面的项圈外，还有一条串满费昂斯圆珠的绳子用来连接身后的配重部分，可以防止正面过重导致佩戴者不适。这条古埃及第六王朝时期的项饰出土时绳子已腐朽，如今是经过现代文物修复师重新复原的样式。

随葬覆金头饰

时间：公元前 24 世纪初期

材质：铜，黄金，费昂斯，红玉髓

尺寸：发圈直径 19.5 厘米，宽 2.5 厘米，垂饰长 15.5 厘米，宽 3.8 厘米

出土地点：吉萨地区

收藏地点：奥地利·维也纳艺术史博物馆

这顶覆金头饰基本材质为铜，发圈和两边的面部装饰之间是由包裹着红玉髓的费昂斯环来固定的。这件覆金头饰是一件古埃及第六王朝时期的随葬品，用来戴在死者的脸上保护死者的面容。这件文物展现了古王国末期的覆金工艺和镶嵌工艺已经发展到了较高的水平。

中王国——新王国时期

“守护”字形吊坠

时间：公元前 21 世纪末期

材质：黄金，银

尺寸：高 8.5 厘米，宽 3.5 厘米

出土地点：卢克索孟图霍特普二世神庙

收藏地点：美国·大都会艺术博物馆

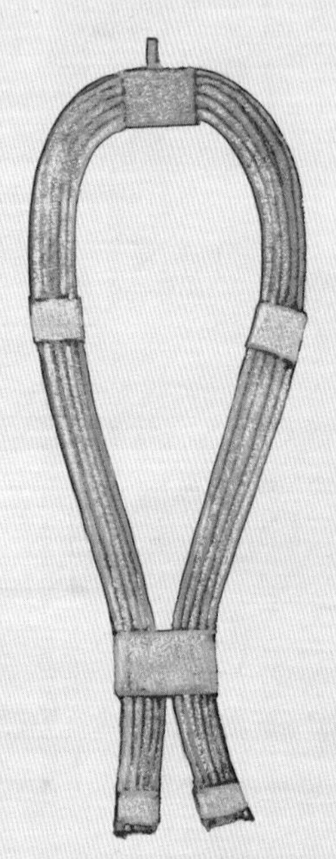

这件吊坠出土于德尔巴赫里的孟图霍特普二世神庙附近的一处墓葬之中，根据墓葬信息可推测其制作时间为古埃及第十一王朝时期，整体造型是古埃及圣书体文字“sa”（守护）的形状，因此应该是一件护身符。这件吊坠用多条银和金银合金制作的金属拉丝排列而成，并通过多枚金属固定件将这些金银拉丝固定。

金鹰项饰

时间：公元前 19 世纪末期

材质：黄金，绿松石，彩陶，红玉髓

尺寸：长 25 厘米，宽 7.5 厘米

出土地点：利希特地区

收藏地点：美国·大都会艺术博物馆

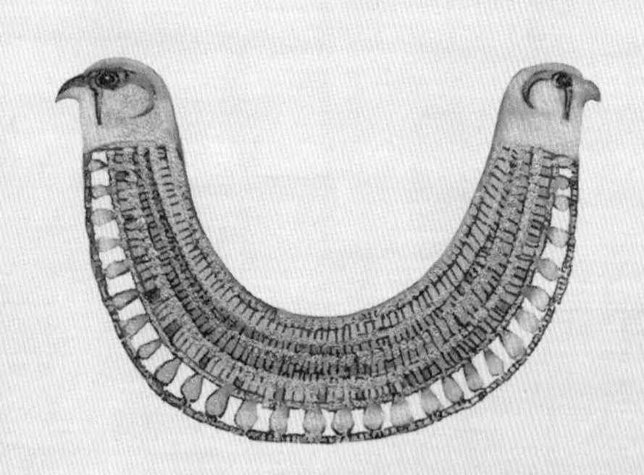

这件项饰出土于国王塞努塞尔特一世时期的官员塞涅布提斯位于利希特地区的墓中，他的墓就修建在国王的墓附近，这充分说明其生前地位崇高。这件项饰由多层绿松

石、费昂斯和红玉髓等柱状珠子编缀而成，连同最外层的水滴形黄金珠饰一共9层。这些珠串两端都固定在用金箔包裹的石膏制鹰神头像上，为了让鹰神的头像显得更生动，鹰神的眼睛是用红玉髓镶嵌而成的。

这件项饰出土时损毁较严重，原本用来固定多层项链两端的金鹰几乎完全损坏，后经大都会美术馆的文物修复师修复，用金箔包裹的白银鹰神头像来代替。

申环项链

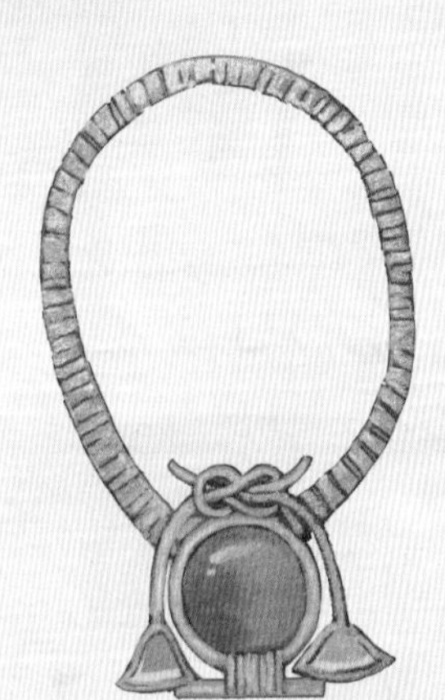

时间：公元前 18 世纪初期

材质：黄金，红玉髓，费昂斯

尺寸：申环高 4 厘米

出土地点：代赫舒尔地区

收藏地点：埃及・埃及博物馆

这件首饰出土于国王阿蒙尼姆赫特二世的女儿克努密特公主（Khenmet）的墓中。首饰的主体是一个用红玉髓镶嵌入金框中制成的“申”环，这是古埃及象征永恒的符号。申环被两朵根茎处打结的蓝色莲花包围，这两朵蓝色莲花则是用费昂斯切片镶嵌而成。首饰的主体被固定在一条缀满大量黄金环的项链上，使整条项链变得相当沉重。

塞塔托丽尼特(Sit-Hator-Iunet)墓首饰

塞塔托丽尼特公主是古埃及第十二王朝的国王塞努塞尔特二世的女儿，也是塞努塞尔特三世的姐妹，她最终去世于侄子阿蒙尼姆赫特三世在位时期。这位公主在世时显然受到父亲、兄弟的喜爱，她下葬时的随葬品中有许多带有国王之名的精美首饰。这些首饰充分展现了中王国时期古埃及王室珠宝匠们高超的工艺水平，即使和新王国巅峰时期的首饰相比也不落下风，正因为如此，埃及考古学家们将出土于拉珲地区的塞塔托丽尼特墓随葬品称为“拉珲宝藏”。这些首饰如今被收藏于美国的大都会美术馆。

双层水晶项链

时间：公元前18世纪中期

材质：金，紫水晶，辉绿岩

尺寸：周长81厘米，大豹形珠4.5厘米×1.2厘米，小豹形珠1.6厘米×0.3厘米

出土地点：拉珲地区

收藏地点：美国·大都会艺术博物馆

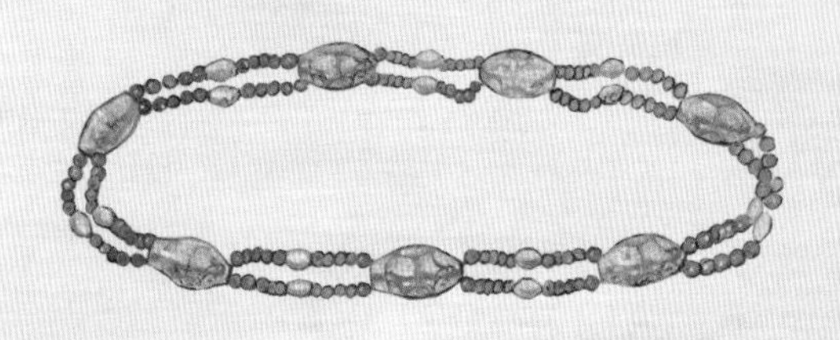

这是拉珲宝藏中的一件双层水晶项链，项链的主体是140枚被绳子串在一起的紫色水晶珠子，共分为内外2层，每层7节，每一节的两条紫水晶珠链的两端都固定在表面覆盖着金箔的大块辉绿岩豹形珠上，每一节紫水晶珠链中间都固定着一枚较小的包金豹形珠。整条项链上共有7枚大豹形珠（其中一枚是这件项饰的搭扣）和14枚小豹形珠，这种豹子形象代表着国王的力量和生命力。

水晶手链、脚链

时间：公元前18世纪中期

材质：黄金，紫水晶

尺寸：周长14.2厘米，爪形吊坠高3.1厘米，宽1.7厘米

出土地点：拉珲地区

收藏地点：美国·大都会艺术博物馆

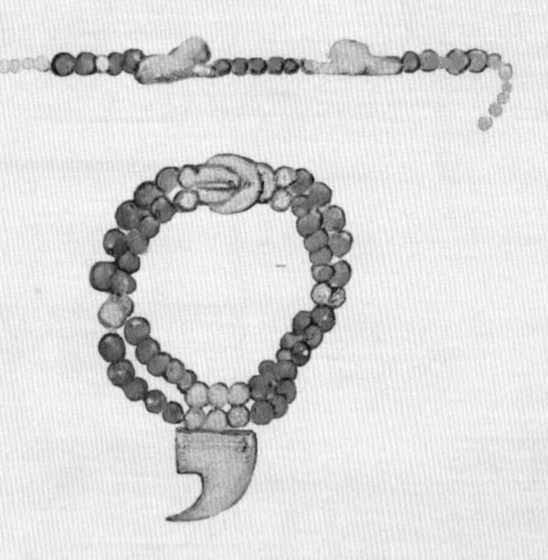

同样出土于拉珲宝藏之中的还有紫水晶的手链和脚链。其中手链上每两粒紫水晶珠子中间还编缀着一枚金珠，中间连接着两枚面对面的卧狮的金像——这种卧狮形象在后来的地中海沿岸以及两河地区都很常见。水晶脚链则和之前的水晶项链一样都是双层的，几粒

紫水晶珠之间点缀着一颗金珠，末端的三粒金珠则固定着一枚金质的爪形坠饰，这代表着保护之意。

宝石胸饰项链

时间：公元前 18 世纪中期

材质：黄金，青金石，红玉髓，绿松石，石榴石，绿长石

尺寸：项链长 82 厘米，胸饰高 4.5 厘米，宽 8.2 厘米

出土地点：拉珲地区

收藏地点：美国・大都会艺术博物馆

这件胸饰项链可以算是整个拉珲宝藏众多首饰中最精美的一件，同时也是古埃及首饰代表作。其制作过程中采用的宝石切割、金框镶嵌工艺都达到了那个时代最先进的工艺水准，制作这件首饰所耗费的宝石、半宝石和贵金属也达到了惊人的数量（共耗费宝石、半宝石切片372块）。从首饰上的王名圈可以看出，这件首饰原本的主人是塞塔托丽尼特公主的父亲、当时的古埃及国王塞努塞尔特二世，后将其赠予了公主并最终随她下葬。

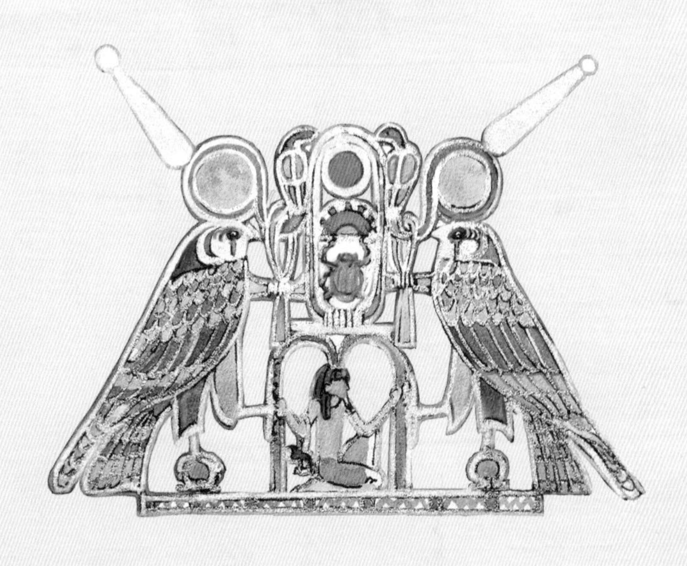

这块胸饰的主体图案是一块被一左一右两只鹰神包围的塞努塞尔特二世的王名圈，手持两根棕榈枝、象征着百万年的海赫神在下面托举着它。

两只头顶太阳圆环的鹰神整体框架为黄金，使用青金石和绿松石作为镶嵌物，两只鹰神抓握的申环则是用黄金框架内镶嵌的红玉髓制成。塞努塞尔特二世的王名圈和下方支撑王名圈的海赫神则是由红玉髓、青金石、绿松石以及石榴石镶嵌而成。

国王打击俘虏胸饰

时间：公元前 18 世纪末期

材质：黄金，天青石，红玉髓，绿松石

尺寸：高 7.9 厘米

出土地点：代赫舒尔地区

收藏地点：埃及·埃及博物馆

这件首饰出土于国王塞努塞尔特三世的女儿梅里耶特公主位于代赫舒尔地区的墓葬中。胸饰的图案以对称的两名国王手持权标击打跪地的贝都因俘虏为主，国王的上方是展翅而飞、双爪抓住“安可-杰德柱”组合符号的秃鹫女神奈赫贝特，奈赫贝特女神下方、两名国王中间的位置则是写着塞努塞尔特三世的登基名“卡考拉”（Khakaure）的王名圈。两个王名圈中间由上到下写着一行赞颂国王的文字“美丽的神，两土地及外国之王”。在这些图案外面有一圈用来“保护”内部图案的“神龛”外框，神龛的上端两侧与水滴形半宝石项链连接。这件首饰同样使用了大量的黄金和宝石、半宝石，其中以红玉髓、石榴石、青金石和费昂斯较多。

秃鹫手镯

时间：公元前16世纪中期

材质：黄金，天青石，红玉髓，青金石，绿松石

尺寸：直径5.4厘米，高5厘米

出土地点：卢克索地区

收藏地点：埃及·埃及博物馆

这件手镯出土于国王谷附近的德拉阿布埃尔-纳加（*Dra' Abu el-Naga'*）王室墓葬群的一座贵族墓中，和这件手镯一同出土的还有三枚金苍蝇军勋章、两把匕首、两把手斧以及一些黄金首饰。尽管这些文物被认为属于新王国开创者阿赫摩斯一世的母亲艾赫泰普王后，但艾赫泰普王后本人的坟墓和木乃伊目前并未找到。

这件秃鹫手镯基底为黄金打造，王室的珠宝工匠们将红玉髓、青金石和绿松石等半宝石切片嵌入黄金手镯上来制作整体的图案——展翅的上埃及秃鹫女神奈赫贝特双爪各抓一枚申环。在艾赫泰普王后时期，古埃及底比斯王朝仅控制着上埃及地区，王后的手镯采用象征上埃及的秃鹫女神形象也从侧面反映了这一点。

青金石黄金手镯

时间：公元前 16 世纪中期

材质：黄金，天青石

尺寸：直径 5.5 厘米，高 3.4 厘米

出土地点：卢克索地区

收藏地点：埃及·埃及博物馆

这件手镯和秃鹫手镯同时出土于德拉阿布埃尔-纳加王室墓葬群的贵族墓中，为艾赫泰普王后所有。手镯基底为黄金，通过一处嵌扣可以将整个手镯开合，手镯表面采用“减地”工艺（通过打磨掉非图案的底面令图案凸出的技巧）令分戴上下埃及王冠的阿赫摩斯国王以及旁边的荷鲁斯与阿努比斯两位神的形象凸显出来，打磨掉的黄金基底则用青金石切片来填补，反衬得画面部分更加立体。

猫神像镶嵌手镯

时间：公元前 15 世纪中期

材质：黄金，青金石，红玉髓，绿松石

尺寸：长 16.8 厘米，宽 5.1 厘米

出土地点：卢克索·图特摩斯三世外国王妃墓

收藏地点：美国·大都会艺术博物馆

这件手镯出土于卢克索地区的图特摩斯三世外国王妃墓，由于这座墓中合葬着3位来自外国的王妃，因此不确定这件手镯原本的主人具体是哪一位。这件手镯的主体由多达14组、每组15排的红玉髓、青金石、天河石以及黄金珠子编缀而成，其中一些珠子在出土时已经缺失。手镯最中间的黄金底座上并排分布着5个凹槽，其中3个凹槽中固定着两只黄金猫和一只红玉髓猫，另外两个凹槽上的小雕像已经下落不明。在同一座墓中还有一个造型几乎相同的手镯，这两只手镯可能是成对的——不过那只手镯上是黄金打造的狮子雕像。

黄金镶嵌臂环

时间：公元前 15 世纪中期

材质：黄金，红玉髓，玻璃

尺寸：宽 5.9 厘米

出土地点：卢克索·图特摩斯三世外国王妃墓

收藏地点：美国·大都会艺术博物馆

这套臂环同样出土于图特摩斯三世的外国王妃墓中，臂环共有六只。这些臂环均由黄金作为基底，上面雕刻着图特摩斯三世的本名和登基名，每只臂环都分为两个半圆弧形金片，通过两根黄金短棍固定在佩戴者的手臂上，臂环的正面镶嵌着几排红玉髓、蓝色和绿色的费昂斯切片作为装饰，通过不同色彩的搭配让整件臂环更加精美。

黄金羚羊王冠

时间：公元前 15 世纪中期

材质：黄金，红玉髓，绿松石

尺寸：长 48 厘米，宽 3 厘米

出土地点：卢克索·图特摩斯三世外国王妃墓

收藏地点：美国·大都会艺术博物馆

这件充满西亚风格的王后冠也出土于图特摩斯三世的三位外国王妃的合葬墓之中，它原本的主人应该是图特摩斯三世那位来自巴比伦的王妃——这件黄金王冠上有太多来自阿卡德神话的元素，例如镶嵌着红玉髓和琉璃的花轮以及额饰上的羚羊装饰等。在阿卡德神话中，羚羊是女神伊斯塔尔的丈夫、牧神塔摩兹的化身，而对伊斯塔尔女神的崇拜在新王国时期已经传入埃及，并和对伊西斯女神的崇拜结合起来，受到人们的欢迎。其实早在喜克索斯人统治下埃及时，古埃及就已经有同样风格的黄金羚羊王冠出现了，那件王冠上除了塔摩兹化身的羚羊外，还一同出现了代表伊斯塔尔女神的八角金星的符号。

“黄金法老”——图坦卡蒙墓首饰

图坦卡蒙是一位死后比生前更著名的古埃及国王。在短暂的9年执政期内，图坦卡蒙几乎一直处于权臣们的操纵下，并在不满20岁时就过早地去世了，死后他的王名还被从王名表中删除——这些都是权臣们针对他父亲阿赫那顿宗教改革的报复性举措。在为第二十王朝的国王拉美西斯六世修建陵墓时，工人们将挖掘出来的废弃石料全堆填在了图坦卡蒙墓的墓门前，这让他彻底被世人所遗忘——直到1922年11月4日，埃及考古学家卡特率领考古队发现了他的墓葬大门。在开启墓门后，一座尘封了3000多年的古埃及国王墓以其数量惊人的随葬品惊艳了全世界。

图坦卡蒙金面具

时间：公元前 14 世纪中期

材质：黄金、青金石、红玉髓、石英、黑曜石、绿松石、玻璃、费昂斯

尺寸：高 54 厘米，宽 39.3 厘米，厚 49 厘米

出土地点：卢克索·国王谷图坦卡蒙墓（KV62）

收藏地点：埃及·埃及博物馆

在古埃及的丧葬习俗中，往往会在死者的面部覆盖一层用来代替其面貌的面具，用来防止死者的灵魂找不回自己的身体。作为“活在人间的神”，大多数古埃及国王都会选择用黄金这种代表“神肉”的金属来为自己制造随葬面具，其中最著名的就是图坦卡蒙金面具。

图坦卡蒙金面具展现了戴着奈梅斯头巾的国王面部形象，并饰以一条用各种宝石镶嵌而成的宽项圈。面具的额头部位并排镶嵌着象征上下埃及之王的秃鹫标和蛇标，而在面具的下巴上则镶嵌着束起来的胡须，不过这截胡须在出土时已脱落。

金面具的背面雕刻着《死者之书》第151章的文本铭文，内容是将已故国王的身体归为众神所有，希望奥西里斯能引导这位曾经帮助他战胜赛特的国王通过冥界，最后是国王的登基名奈布赫帕鲁拉（Nebkheperure）。

图坦卡蒙金面具重10.23千克，由霍华德·卡特在1925年10月29日开启图坦卡蒙内棺时发现，发现时覆盖在图坦卡蒙木乃伊的脸上。

图坦卡蒙金面具以其精美的造型和复杂的工艺著称，也让它从众多文物中脱颖而出，成为与金字塔齐名的古埃及代表文物。

两女神杰德柱胸饰

时间：公元前 14 世纪中期

材质：黄金，青金石，红玉髓，绿松石，费昂斯

尺寸：高 15.5 厘米，宽 20 厘米

出土地点：卢克索・国王谷图坦卡蒙墓（KV62）

收藏地点：埃及・埃及博物馆

这件胸饰是图坦卡蒙的随葬品之一，总体保存良好。它的外圈是包围整个胸饰的神龛，内部则是展开双翼的伊西斯女神和奈芙蒂斯女神面对面站立，展开的双翼象征着神圣的守护，将一个顶着日轮的杰德柱符号（象征稳固）保护在其中。杰德柱符号两边是图坦卡蒙的本名和登基名，两个王名圈上各缠绕着一条分别戴着上下埃及王冠的蛇，整个图案的含义是祝愿图坦卡蒙能够持久地统治上下埃及。

圣甲虫托举太阳船胸饰

时间：公元前14世纪中期

材质：黄金，银，石英玻璃

尺寸：高15厘米，宽15厘米

出土地点：卢克索·国王谷图坦卡蒙墓（KV62）

收藏地点：埃及·埃及博物馆

这件出土于图坦卡蒙墓的胸饰整体构造极为精妙，使用了大量宝石、半宝石，将众多神话、艺术元素融汇于这件首饰之中，堪称古埃及第十八王朝最顶尖的艺术珍品之一。

胸饰的主体部分是一只使用了沙漠中天然形成的半透明黄色玻璃雕刻而成的圣甲虫，它身体两侧是展开的守护之翼，后足还同时抓握着两枚申环，这个造型可能是用圣甲虫代替了之前流行的鹰神形象。圣甲虫的前足托举着一艘神圣太阳船，船上载着一枚荷鲁斯之眼的符号和两只守护它的眼镜蛇女神。在荷鲁斯的眼上方还有一枚牛角符号托起的太阳圆盘，圆盘里是托特和拉-赫拉克提两位古埃及主神共同庇佑着站在中间的国王图坦卡蒙的形象。在圣甲虫身下则是众多植物元素的配饰，有纸莎草、蓝莲花、矢车菊等，为整件胸饰提供了视觉上的稳定性和立体层次感。但由于其整体构造过于复杂，因此整件胸饰极为沉重，为了便于佩戴，工匠们通过项链在背后添加了一件配重首饰来保持平衡。

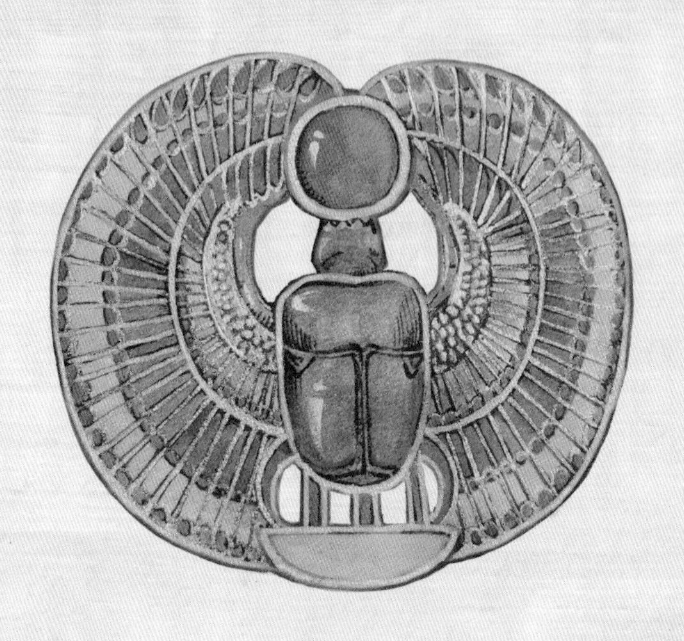

圣甲虫胸饰

时间：公元前14世纪中期

材质：黄金，青金石，绿松石，红玉髓

尺寸：高9厘米，宽10.5厘米

出土地点：卢克索·国王谷图坦卡蒙墓（KV62）

收藏地点：埃及·埃及博物馆

虽然现代考古学家认为图坦卡蒙墓在首次封闭后遭到过两次劫掠，但由于图坦卡蒙的木乃伊被多达七层的神龛和棺椁保护着，因此他的木乃伊始终没有遭到破坏，这些贴身随葬的胸饰也都保存得相当完好。尤其是图坦卡蒙的这件圣甲虫胸饰，连镶嵌在黄金上的众多宝石、半宝石切片的色泽都依旧鲜艳。这件胸饰的主体部分是一只青金石圣甲虫，两侧是用青金石、绿松石、红玉髓和黄金镶嵌出的双翼，用来保护死者的心脏。除此之外，这只圣甲虫胸饰还将图案和古埃及圣书文字巧妙地结合，太阳、圣甲虫和底部半圆的符号共同组成了“奈布赫帕鲁拉”的字样，这正是图坦卡蒙的登基名。

两女神王冠

时间：公元前14世纪中期

材质：黄金，青金石，红玉髓

尺寸：直径19.9厘米，装饰带长31.5厘米

出土地点：卢克索·国王谷图坦卡蒙墓（KV62）

收藏地点：埃及·埃及博物馆

这件图坦卡蒙墓出土的黄金嵌宝石王冠相当精美，王冠的额饰上出现了并列的秃鹫头标和眼镜蛇头标，同时将眼镜蛇的身体部位做成了弯曲的覆顶，一直连接到王冠后方的黄金绳结（象征生命）处，同时在王冠的左侧面护颊上还有一条昂首而立的眼镜蛇形象，象征着国王的守护蛇。整件王冠以黄金为基底，上面镶嵌了包括青金石、红玉髓等名贵的半宝石材料。

践踏外敌拖鞋

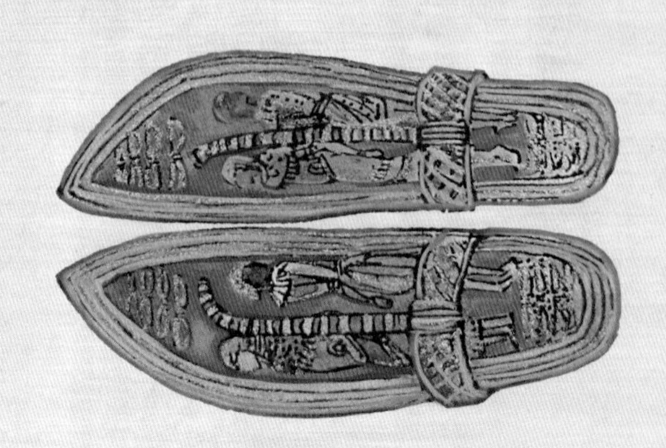

时间：公元前14世纪中期

材质：木，皮革，黄金

尺寸：长28厘米

出土地点：卢克索·国王谷
图坦卡蒙墓（KV62）

收藏地点：埃及·埃及博物馆

这双黄金拖鞋出土于图坦卡蒙墓的衣箱内，是图坦卡蒙众多的随葬鞋子之一，但是其他大部分用纸莎草、皮革制作的鞋子都已经完全腐烂，只有这双用木材、黄金和皮革制作的拖鞋保存完好。这双黄金拖鞋以木材为基底，外层包裹着金箔、少量皮革作为装饰材料，全长28厘米（相当于现代的45码鞋）。每只鞋的内底上都绘有一个西亚人和一个努比亚人的形象，这些人通常都被古埃及人视为外敌，将他们的形象描绘在鞋上，表示国王践踏着这些外敌。值得注意的是，这双鞋并没有被使用过。

两女神金项饰

时间：公元前 14 世纪中期

材质：黄金

尺寸：宽 29.5 厘米

出土地点：卢克索·国王谷图坦卡蒙墓（KV62）

收藏地点：埃及·埃及博物馆

这件出土于图坦卡蒙墓的宽项饰（collar）通常佩戴在脖子下方的位置上，由于它的体积较小，因此可以一次佩戴多件。这一件项饰由纯金打造，整体造型是展开双翼的上埃及秃鹫女神奈赫贝特和与她并列的下埃及眼镜蛇女神瓦德杰特，这两位女神同时出现代表着上下埃及，而奈赫贝特抓握的申环则象征着永恒，合在一起就是祝愿图坦卡蒙能够长久地统治国家。和这件项饰一同出土的还有一件展翅鹰神的金项饰，同样挂在图坦卡蒙的脖子上。

双鸭形手镯

时间：公元前13世纪中期

材质：黄金，天青石

尺寸：直径7.2厘米

出土地点：泰尔-巴斯塔地区

收藏地点：埃及・埃及博物馆

泰尔-巴斯塔是古埃及历史上的布巴斯提斯古城所在地。一个施工队在当地修建一条铁路时发掘出了包括这件手镯在内的一些拉美西斯二世时期的文物。这件手镯的总体造型是从同一身体上长出来的两个鸭头，鸭头都转向后方，呈这种禽鸟类动物特有的睡姿。其中手镯本体和鸭头都是黄金材质，而鸭子的身体则是一块镶嵌在手镯上的天青石。另外，在手镯周围部分采用了颗粒附着技术，将大量的黄金颗粒均匀地固结在了手镯上，使周围的纹饰更加立体。

羊首鹰身护身符

时间：公元前13世纪中期

材质：黄金，红玉髓，青金石，绿松石

尺寸：不详

出土地点：萨卡拉 · 查姆维瑟墓

收藏地点：埃及 · 埃及博物馆

这件护身符出土于萨卡拉地区的一位名叫查姆维瑟（Chaemwese）的阿匹斯神牛祭司的墓中，这位神牛祭司的另一个身份则是拉美西斯二世的王子。这件护身符整体造型是一只展开双翼、双足抓握着两枚申环的神鹰，表面镶嵌了红玉髓、青金石和绿松石等半宝石作为装饰。但是与其他鹰神造型不同的是，这个护身符上的鹰神的头部从原本的鹰首被替换成了极为罕见的羊首，这个造型源于羊神克奴姆。这种羊首鹰身的形象在古埃及第十九王朝《洞之书》的插图中也出现过，寓意着死者可以像冥界的太阳神克奴姆一样重生。

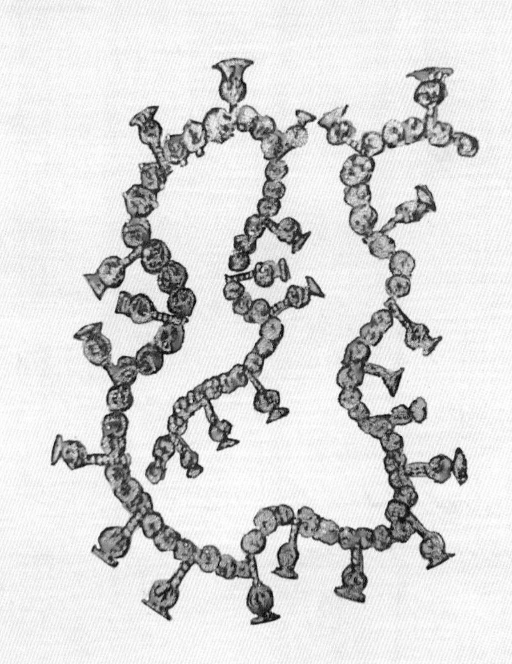

花形金项链

时间：公元前12世纪初期

材质：黄金

尺寸：长58厘米，金花直径2.6厘米

出土地点：卢克索·国王谷陶沃斯特女王墓（KV14）

收藏地点：美国·大都会艺术博物馆

这件项链出土于国王谷中的KV14号墓，它原本的主人被认为是古埃及第十九王朝的最后一位国王、同时也是一位女性国王陶沃斯特。她是塞提二世的王后，在塞提二世去世后曾经短暂地成为国王。这件黄金项链由众多镂空的小金珠和悬垂出来的镂空金花（可能是某种菊科花朵）编串而成，充分展现了古埃及新王国时期的金属镂空技术和精细金工的水平。

后王国——托勒密王朝时期

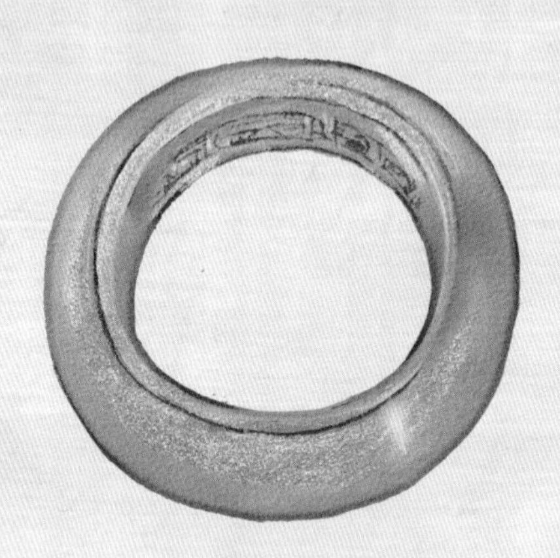

黄金臂环

时间：公元前11世纪末期

材质：黄金

尺寸：内径6.5厘米

出土地点：塔尼斯·普苏森尼斯一世墓（NRT-3）

收藏地点：埃及·埃及博物馆

这件臂环出土于塔尼斯地区的普苏森尼斯一世（*Pseusennes I*）的坟墓中，套在木乃伊的左臂上。这位国王因为他所拥有的珍贵白银棺材而被现代考古学家称为“白银法老”（埃及地区白银产量少，第二十一王朝时期黄金与白银的价值几乎达到1：2的比例）。这件圆形臂环造型古朴，没有多余的复杂装饰，全重1.75千克。臂环内壁铭刻着“众神之首者阿蒙-拉，给予勇气和力量，打击敌酋。上下埃及之王，阿赫帕鲁拉-赛特普恩阿蒙，拉神之子，亡灵之王，众神之首者阿蒙-拉的大祭司，阿蒙所喜爱者普苏森尼斯”的铭文。

心脏护身符

时间：公元前11世纪末期

材质：青金石，黄金

尺寸：不详

出土地点：塔尼斯·普苏森尼斯一世墓（NRT-3）

收藏地点：埃及·埃及博物馆

这件心脏护身符放置在木乃伊的胸前，代替死者的心脏来接受冥界的量心仪式（以防死者心脏损毁或丢失的情况发生），帮助死者顺利进入芦苇地获得永生。这件心脏护身符使用名贵的青金石材料制成，整体造型模仿人类心脏的形状，顶部装饰着黄金，正面铭刻着手持瓦斯权杖和安可符号的太阳神凯布利、太阳神拉和太阳神亚图姆，这三位神代表着太阳在天空中的不同时间段，而三者前方则是写着普苏森尼斯一世的本名“帕萨巴海恩努特”的王名圈。

圣甲虫金臂镯

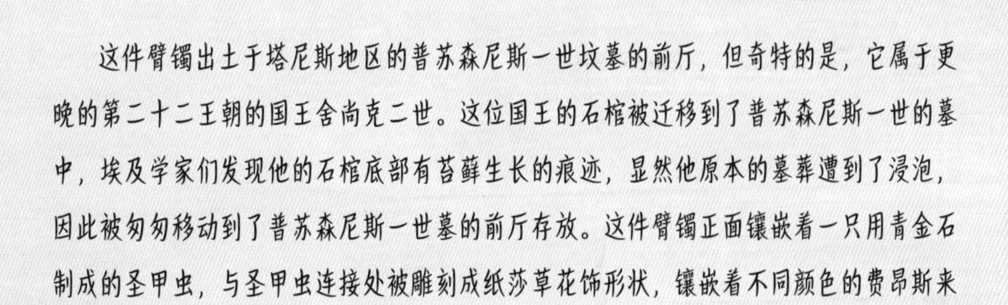

时间：公元前9世纪初期

材质：黄金，青金石，费昂斯

尺寸：内径7厘米

出土地点：塔尼斯·普苏森尼斯一世墓（NRT-3）

收藏地点：埃及·埃及博物馆

这件臂镯出土于塔尼斯地区的普苏森尼斯一世坟墓的前厅，但奇特的是，它属于更晚的第二十二王朝的国王舍尚克二世。这位国王的石棺被迁移到了普苏森尼斯一世的墓中，埃及学家们发现他的石棺底部有苔藓生长的痕迹，显然他原本的墓葬遭到了浸泡，因此被匆匆移动到了普苏森尼斯一世墓的前厅存放。这件臂镯正面镶嵌着一只用青金石制成的圣甲虫，与圣甲虫连接处被雕刻成纸莎草花饰形状，镶嵌着不同颜色的费昂斯来衬托不同层次的视觉效果。

哈珀克拉提斯戒指

时间：公元前3世纪

材质：黄金

尺寸：金像长4.5厘米，宽3.6厘米

出土地点：不详

收藏地点：法国·卢浮宫博物馆

这件戒指现藏于卢浮宫博物馆，出土地区和所有者均不详，但根据戒指上出现的哈珀克拉提斯神像可以推测出大致制作年代是在托勒密王朝时期。这一时期较为流行这种留着“青春之锁”发型、含着食指的幼童荷鲁斯的形象。戒指上的哈珀克拉提斯小神像为黄金打造，通过一个小圆环连接在金质戒指圈上，可以在戒指圈上自由转动。

灵魂“巴”护身符

时间：不详

材质：黄金，绿松石，青金石

尺寸：高2.55厘米，宽5.9厘米

出土地点：不详

收藏地点：奥地利·维也纳艺术史博物馆

这件护身符的所有者和出土地均不详，现藏于维也纳艺术史博物馆，据造型推测应为古埃及后王国时期产物。“巴”是古埃及宗教信仰中“完整的人”的五个组成部分之一：卡（生命力）、巴（灵魂）、名字、影子和身体。其中巴会在人死后和身体分离，变成人首鸟形飞入冥界，但它会定时返回人体休息，必须保护好死者的“巴”才能让死者永远地“存活”下去。这件“巴”护身符主体材质为黄金，正面雕刻着死者的面貌，背面则镶嵌着绿松石和青金石，通过不同色泽的半宝石反映出鸟类羽毛在阳光下散射出的炫目光芒。

阿玛尔纳时期
纳赫特敏妻子石像

铭刻于石上

石头是人类最先利用并进行加工的坚硬材料，有意识地使用石器是现代智人进入旧石器时代的标志，而大规模制作、使用磨制石器则被认为是新石器时代和旧石器时代的分水岭。从巴达利文化到涅加达文化，再到后来的王国时代，古埃及文明在继承了前期硬质石材加工技术的基础上，逐渐将石雕艺术发扬光大，最终成为巨石文明的代表之一。

下面就以古埃及历史时期的先后顺序，详细介绍这些堪称精品的石刻、石雕艺术作品。

前王国——早王国时期

龟形调色板

时间：公元前35世纪

材质：硬砂岩（泥岩）

尺寸：13.8厘米×10.2厘米

出土地点：涅加达

收藏地点：美国·波士顿美术博物馆

调色板是古埃及人用来研碎矿物颜料并加以调和的工具，大多以泥岩材质为主，早期多为简单的动物形状，例如龟形、河马形和公牛形等，通常只有手掌大小，便于携带。后期则多为盾形，上面用阳刻的方式雕刻出人物、事件的图案，通常体积较大，多用于仪式之中。

这是一个非常简单的石制调色板，但它的制作者非常细致地将它的头部和四肢雕刻了出来，并用白色的石头为它镶嵌了眼睛。它的表面留下了被使用过的痕迹。

盘状权标头

时间：公元前35世纪

材质：斑岩

尺寸：高9厘米

出土地点：阿代马

收藏地点：美国·布鲁克林博物馆

权标是古埃及前王国时代出现的一种石制武器，用绳索将大块石头固定在木制手柄上，用来打击敌人或猎物。这是一柄涅加达早期的权标头，顶端雕刻成圆形锋利边缘是为了让它能够造成更致命的伤害，但由于是随葬品，这柄权标头更可能是象征权力的礼器。

燧石刀

时间：公元前32世纪

材质：燧石+象牙

尺寸：连柄长25.5厘米

出土地点：阿拜多斯

收藏地点：法国·卢浮宫博物馆

燧石是一种硬度很高但韧性较差的石材，碎裂后断口非常锋利，因此不需要太多加工即可制成刀具。目前，出土的大多数前王国时期的燧石刀都是仪式用品，它们的刀柄往往由名贵的黄金或象牙制成，显然不是实用工具。

大型石壶

时间：公元前32世纪

材质：斑岩

尺寸：直径61厘米（最宽处）

出土地点：希拉康波利斯

收藏地点：英国·曼彻斯特博物馆

这些坚硬的石制容器被用于各种宗教仪式中，通常用来承装较珍贵的液体和香料，对于平民日常生活来说，制作这种石制容器的成本太高，而且容器本身就比大多数要装的东西重得多。

蝎王权标头

时间：公元前31世纪

材质：石灰岩

尺寸：高25厘米

出土地点：希拉康波利斯

收藏地点：英国·阿什莫林博物馆

随着石制武器的不断发展，权标逐渐失去了其作战的用途，转而变成了象征权力的礼器。古埃及常见的一种国王形象就是他们手持权标打击敌人，体现了国王本人强大的力量。

这是一柄雕刻有复杂图案的权标头，上面最高大的国王形象面前刻着他的名字“蝎子”。由于蝎王的墓已经在阿拜多斯被考古学家们发现（编号阿拜多斯U-j墓），因此可以确定这是用于纪念古埃及前王国时期部落首领蝎王的仪式用权标头——这样雕刻精美的权标显然不是用来战斗的。

那尔迈调色板

时间：公元前31世纪

材质：硬砂岩（泥岩）

尺寸：63厘米×42厘米（最宽处）

出土地点：希拉康波利斯

收藏地点：埃及·埃及博物馆

进入前王国时期，一些调色板的尺寸变得非常庞大，普遍接近半米，磨盘周围通常雕刻着精致复杂的图案。这些超大型的调色板显然不便于搬运携带，因此可能已经失去了最初作为研磨颜料工具的作用，转变为在各种宗教活动中用来纪念重大事件和国王事迹的仪式用品。

那尔迈调色板描绘了国王那尔迈的事迹，正面以他手持权杖击打俘虏的图案为主，背面则以国王视察战场和驯兽者牵着两头脖子互相纠缠在一起的长颈怪兽的图案为主，两头怪物的脖子中间形成的凹槽就是这块调色板的磨盘位置。

那尔迈狒狒

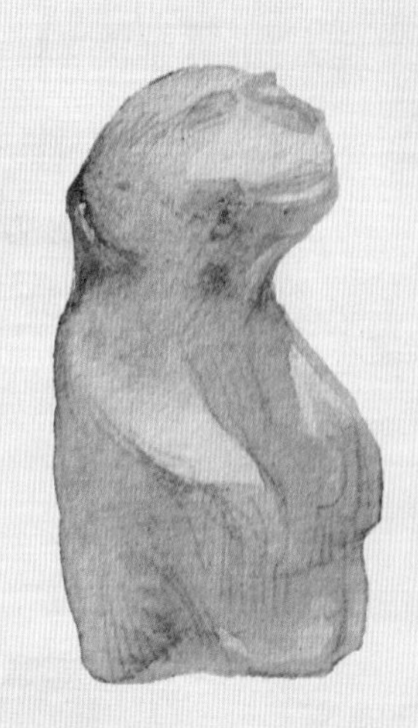

时间：公元前31世纪

材质：石灰岩

尺寸：高52厘米

出土地点：不详

收藏地点：德国·柏林埃及博物馆

狒狒是埃及地区较常见的野生动物，它们会在黎明太阳升起时发出叫声，被视为在迎接太阳，因而受到古埃及人的崇拜。这尊石像的底部写着潦草的字迹，通常被认为是那尔迈的名字，可能是献给那尔迈的纪念雕像。

赫玛卡猎犬石盘

时间：公元前31世纪

材质：皂石

尺寸：直径9.5厘米

出土地点：萨卡拉地区大臣赫玛卡墓

收藏地点：埃及·埃及博物馆

赫玛卡是古埃及第一王朝国王登的“下埃及国王印章持有者”，他生前显然位高权重，他为自己在萨卡拉地区修建的墓葬比当时的国王墓葬都大得多。在他的墓中出土了三块用来游戏的皂石圆盘，这块猎犬追逐猎物的圆盘即为其中之一。这些圆盘边缘刻着奔跑的动物图案，中间则是用来穿过木棍的孔洞，当圆盘随着木棍转动时，受到视觉暂留的影响，转动的圆盘上会呈现出动物追逐扑咬的动态画面。

卡塞海姆威国王像

时间：公元前27世纪初期

材质：片岩

尺寸：高56.6厘米

出土地点：希拉康波利斯

收藏地点：埃及·埃及博物馆

这是世界上最早展现某位具体国王形象的雕像，它的面部缺损了一半。卡塞海姆威头戴象征上埃及的白色王冠，身穿塞德节的王室长袍，雕像底部的铭文指出他杀死了48 205名下埃及的敌人。另外，英国的阿什莫林博物馆还有一尊造型相似的雕像，那一尊雕像的底部铭文则指出他杀死了47 209名下埃及的敌人，显然这个数字是很随意的。

古王国——中王国时期

左赛尔国王像

时间：公元前27世纪中期

材质：石灰岩

尺寸：高1.4米，宽45.3厘米，长95.5厘米

出土地点：阶梯金字塔附属地下储藏室

收藏地点：埃及·埃及博物馆

这尊雕像发现于左赛尔国王的阶梯金字塔附近的一座小储藏室内。为了让他的雕像能够“看到”天空，人们特意在这间小储藏室墙壁上开了一个小孔，这导致雕像遭受了微弱的风化侵蚀。他头上戴着的是被称为奈梅斯的王室头巾，这尊雕像也是目前发现最早佩戴这种王室头巾的形象。

拉赫泰普是斯尼夫鲁国王之子，胡夫国王的弟弟。这尊组像是他和妻子诺夫瑞特的夫妻像，可能是在纪念其中一位或两位的宗教仪式上使用的，因为这尊雕像被发现于一间用来存放仪式雕像的贮藏室中。由于密封储存的关系，这组夫妻像保存得相当完好，两者身体上用以区分性别的颜色依旧鲜明。

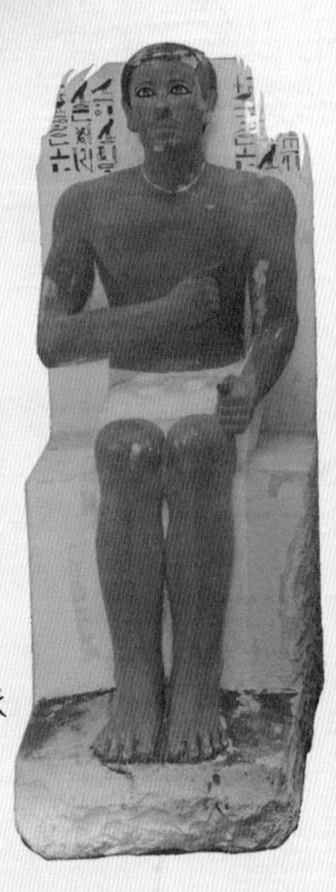

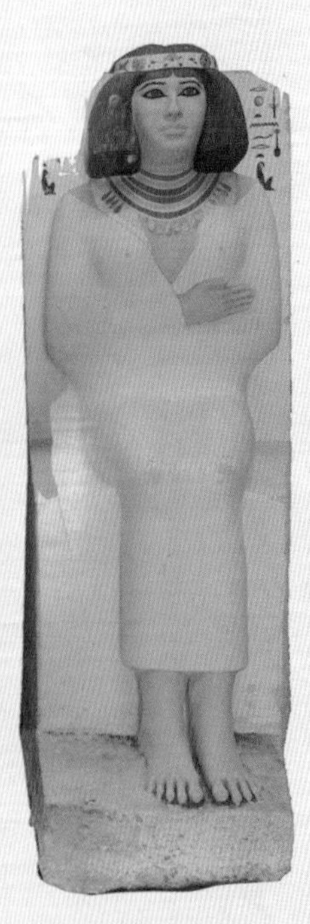

拉赫泰普夫妻像

时间：公元前26世纪初期

材质：石灰岩+石英（眼睛）

尺寸：拉赫泰普高1.2米，诺夫瑞特高1.1米

出土地点：美杜姆

收藏地点：埃及·埃及博物馆

哈夫拉国王像

时间：公元前26世纪中期

材质：闪长岩

尺寸：高1.68米，宽57厘米，长96厘米

出土地点：吉萨·哈夫拉河谷神庙

收藏地点：埃及·埃及博物馆

哈夫拉国王是胡夫国王之子，他继承了兄长的国王之位，拥有三大金字塔之一的哈夫拉金字塔。这座雕像被发现于他的金字塔附属的山谷神庙之中，是他的23座雕像之一。雕像的头后有一个鹰形的荷鲁斯神保护着他。这尊雕像也是古埃及工匠早期的硬石材雕刻作品，说明当时的硬石雕刻技术已发展到了相当精湛的水平。

侏儒塞纳布家庭像

时间：公元前26世纪中期

材质：石灰岩

尺寸：高22.5厘米，宽25厘米

出土地点：吉萨·塞纳布墓室

收藏地点：埃及·埃及博物馆

塞纳布是一名受到侏儒症困扰的患者，但是这并不影响他成为胡夫葬祭神庙的大祭司，从他的墓室壁画中可以看出他极其富有。工匠在进行雕刻时，为了避免他畸形的身体令这组家庭群像不协调，将他的一对儿女也加入了群像之中，代替他因为残疾而盘起的双腿，从而令夫妻两人的身高差异看起来没有那么明显，一家人其乐融融。

孟卡拉三人雕像

时间：公元前26世纪末期

材质：片岩

尺寸：高92.5厘米

出土地点：孟卡拉山谷神庙

收藏地点：埃及·埃及博物馆

这尊三人雕像是孟卡拉国王下令为自己雕刻的三组三人雕像之一，三组雕像都是以孟卡拉和立于他右手边的哈索尔女神为主，另一侧为古埃及不同州——分别是上埃及第四州、第七州、第十七州的主神，图中孟卡拉左手边的是第十七州的主神豺狼女神安普特。这些雕像中的孟卡拉都是向前迈步的姿势，突出了雕像的立体感和动态感。

无名书吏坐像

时间：不明，疑似公元前26世纪

材质：石灰石，眼部镶嵌白色菱镁矿+黑色岩石晶体

尺寸：高53.7厘米，长44厘米，宽35厘米

出土地点：萨卡拉地区

收藏地点：法国·卢浮宫博物馆

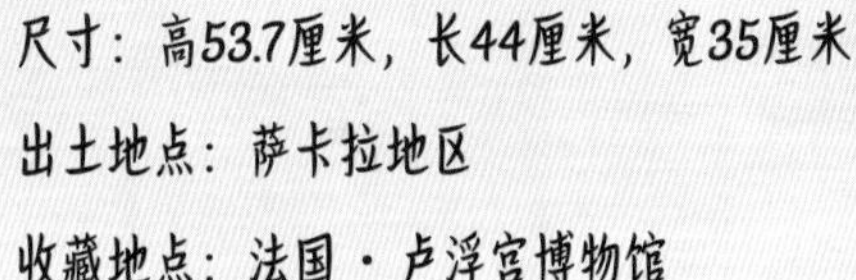

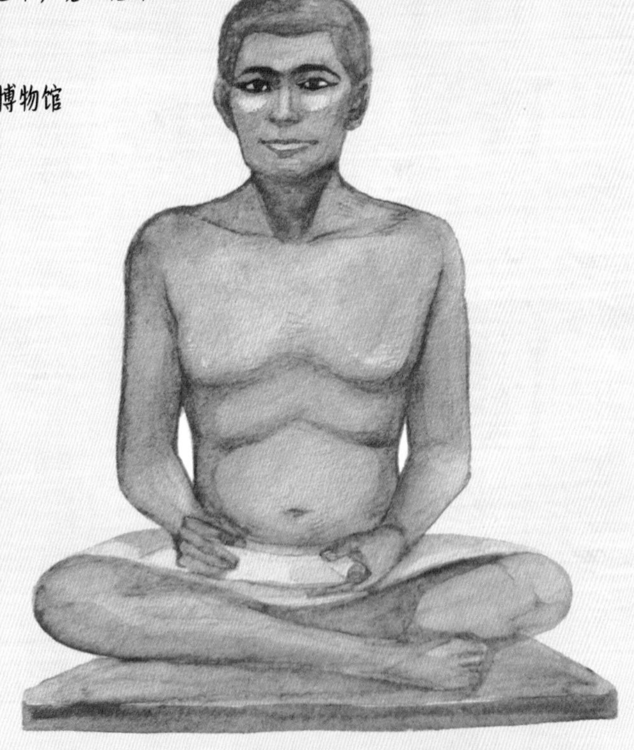

由于这件坐姿书吏像刻有雕像主人姓名和生平的底座丢失（同一时期的几件书吏雕像都有底座），埃及学家们无从得知这件极其写实的书吏坐像的制作年代、制作地区等信息。这件书吏坐像和以往呆板、模式化的雕像完全不同，有神的双目、微微前倾的颈部、带有赘肉的胸腹、握笔准备书写的动作、盘腿而坐的姿势将整件雕像烘托得更加生动、写实。这件坐像尤以细节丰富而著称，连面部肌肉的细节动作、每一根手指上的指甲、瞳孔中的瞳仁、人体体表其他特征也都被悉数表现出来，这些细节在很多早期雕像上通常是被忽略的。

启口仪式工具的模型

时间：公元前22世纪中期

材质：石灰岩，蛇纹石，石英

尺寸：调色板长17.5厘米，宽9.6厘米

出土地点：吉萨·伊皮墓

收藏地点：美国·波士顿美术博物馆

启口仪式是古埃及丧葬仪式过程中的重要一环，木乃伊制作完成后，祭司们会用一柄鱼尾形状的刀、香料和油为木乃伊进行启口仪式，赋予死者在冥界“说话”“饮食”“呼吸”的能力，象征着在冥界的复活。这是一套启口仪式工具的模型，尺寸要比真实使用的小很多，但是盛放香料和油的工具以及启口仪式的刀的具体形象都被直观地展现了出来。

圣油板

时间：公元前22世纪中期

材质：方解石

尺寸：长14厘米，宽7.6厘米

出土地点：阿拜多斯

收藏地点：英国·大英博物馆

木乃伊制作过程中需要用到大量的香料和油膏，这件圣油板就是用来分类盛放不同油膏的器具，每一种油膏都被分类放在对应标注的凹洞之中，方便制作木乃伊的丧葬祭司使用，不至于混淆不同的油膏。

塞努塞尔特三世像

时间：公元前19世纪中期

材质：石英岩

尺寸：高45.1厘米，宽34.3厘米

出土地点：不详

收藏地点：美国·纳尔逊-阿特金艺术博物馆

经过第一中间期的混乱后，进入中王国时期的古埃及经济一直没能恢复到古王国繁荣时期的鼎盛状态，这直观地体现了在这一时期的古埃及石雕艺术上——国王和众神的形象再一次变得僵硬和模板化。尽管这一时期的工匠率先实现了取消雕像背后的遮挡，将石雕的背部也完整地展现了出来，但还是很难重现古王国巅峰时期造像的生动风格。这尊塞努塞尔特三世国王的面容显得非常忧虑，算是中王国时期难得的艺术珍品了。

雪花石膏瓶

时间：公元前19世纪中期

材质：雪花石膏

尺寸：高56厘米，直径26.7厘米

出土地点：拉珲

收藏地点：美国·大都会博物馆

这是属于塞塔托丽尼特公主的随葬品。她的墓葬中有许多珍贵的珠宝首饰和奢华的随葬品，也就是今天所谓的“拉珲宝藏”。这个雪花石膏瓶纹理非常漂亮，水瓶上写着中王国时期常见的丧葬铭文——希望公主能够接受这些冷水，让她在冰冷的冥界能够活下去，并再次复活。

阿蒙尼姆赫特三世金字塔塔顶石

时间： 公元前19世纪末期

材质： 玄武岩

尺寸： 高140厘米，宽185厘米

出土地点： 哈瓦拉

收藏地点： 埃及·埃及博物馆

这座金字塔塔顶石原本放置在阿蒙尼姆赫特三世位于哈瓦拉地区的金字塔塔顶，象征着第一座从原始海洋中浮出的土丘。上面的铭文写着阿蒙尼姆赫特三世的王名（登基名“拉属于玛阿特”ni-mAat-ra和本名“拉是为首的”imn-m-HAt）和祝福语，希望国王从此像拉神一样永生。可惜的是这座金字塔最终还是坍塌了，幸运的是，这块塔顶石被埋在废墟里，才得以保存至今。

新王国——后王国时期

哈特谢普苏特狮身人面像

时间：公元前15世纪初期

材质：花岗岩

尺寸：高1.6米，长2.6米

出土地点：哈特谢普苏特神庙

收藏地点：埃及·埃及博物馆

狮身人面像是古埃及一种常见的半人半兽雕像，这种雕像一般用来象征国王的力量和权威，因此会将国王或王室成员的脸雕刻在狮身人面像的面部。从目前已知最早的雷吉德夫时期的狮身人面像开始，绝大多数雕像都是以男性的面貌出现的。这件雕刻了哈特谢普苏特面容的雕像尽管戴着男性形象的假胡子，但看起来非常柔和，充满女性化的气质，它身前的王名圈中刻着女王的登基名“玛阿特卡拉”。

未完成的方尖碑

时间：公元前15世纪初期

材质：花岗岩

尺寸：长42.06米（未完成）

出土地点：阿斯旺吉贝尔-廷加（Gebel-Tingar）采石场遗址

收藏地点：原址

这块巨大方尖碑的开凿工作并没有完成，古埃及的石匠们仅仅从基岩上开采出来碑体部分后，就因为碑体破裂而放弃了开凿工作，方尖碑的底部甚至还没有从基岩上分离出来，就一直这样露天放置直至被风沙掩埋。如果这块方尖碑最终被立起来的话，将成为目前已知的古埃及方尖碑中最大、最重的一座，全重将达到惊人的1090吨。虽然碑体上没有留下究竟是哪位国王下令开凿的，但根据种种迹象推测，这块方尖碑可能属于哈特谢普苏特女王。

图特摩斯三世跪坐雕像

时间：公元前15世纪中期

材质：大理石

尺寸：高26厘米，宽9厘米

出土地点：戴尔麦地那工匠村遗址

收藏地点：埃及·埃及博物馆

图特摩斯三世是一位征战一生的国王，但这尊小雕像将他表现为一名沉静、温和的年轻男性。他跪坐在那里，头戴着有眼镜蛇标的奈梅斯头巾，腰间系着有褶皱的缠腰布，双手各捧着一只手掌大小的罐子，这里面可能装着清水、香料或者啤酒这些用来供奉众神的祭品。埃及学家们推测用来雕刻的大理石来自亚洲。

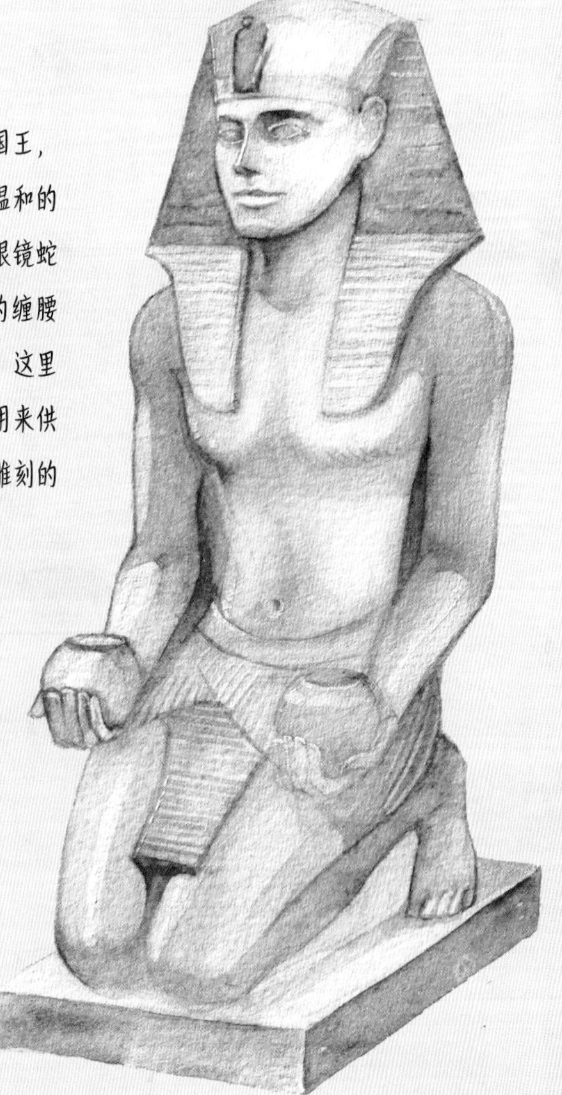

阿蒙霍特普三世夫妻巨像

时间：公元前15世纪末期

材质：石灰石

尺寸：高7米，宽4.4米

出土地点：底比斯·美迪奈特哈布神庙遗址

收藏地点：埃及·埃及博物馆

这尊夫妻巨像的主人是以兴建大型建筑而闻名的阿蒙霍特普三世和他著名的王后泰伊以及两人所生的三个女儿（罕努塔尼布公主和纳贝塔赫公主，另一名已损毁而佚名），雕像以整块巨型石灰石雕刻而成。国王和王后的雕像格外巨大，正面端坐，泰伊王后伸手挽着国王的手臂，他们的三个女儿的雕像较小，分散在两边和中间。这是阿蒙霍特普三世目前已发现的250多尊雕像中最著名的雕像之一。

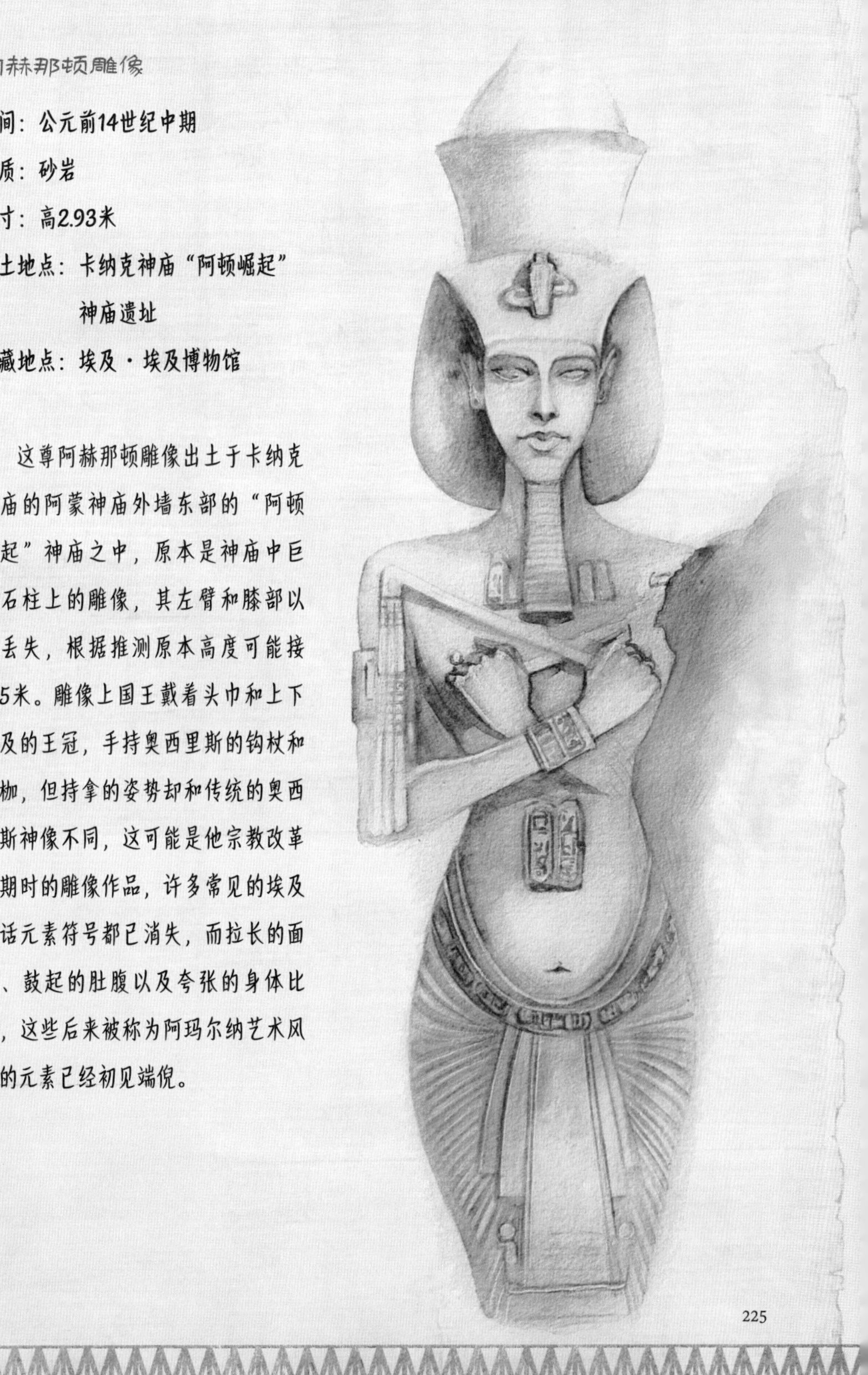

阿赫那顿雕像

时间：公元前14世纪中期

材质：砂岩

尺寸：高2.93米

出土地点：卡纳克神庙“阿顿崛起”神庙遗址

收藏地点：埃及·埃及博物馆

这尊阿赫那顿雕像出土于卡纳克神庙的阿蒙神庙外墙东部的“阿顿崛起”神庙之中，原本是神庙中巨大石柱上的雕像，其左臂和膝部以下丢失，根据推测原本高度可能接近5米。雕像上国王戴着头巾和上下埃及的王冠，手持奥西里斯的钩杖和连枷，但持拿的姿势却和传统的奥西里斯神像不同，这可能是他宗教改革早期时的雕像作品，许多常见的埃及神话元素符号都已消失，而拉长的面部、鼓起的肚腹以及夸张的身体比例，这些后来被称为阿玛尔纳艺术风格的元素已经初见端倪。

纳芙蒂蒂胸像

时间：公元前14世纪中期

材质：石灰岩+石英

尺寸：高48.26厘米，长35厘米，宽24.5厘米

出土地点：阿玛尔纳·雕塑家图特摩斯工坊遗址

收藏地点：德国·柏林博物馆

这件纳芙蒂蒂的胸像以其精美的造型和写实的神态，已经成为古埃及文物乃至古埃及的代表形象之一，也是埃及政府不断向德国方面声索的重要文物。它出土于阿玛尔纳地区的雕塑家图特摩斯工坊遗址，同时出土的还有几件造型相仿但最终没能完成的纳芙蒂蒂胸像。这件雕像上的纳芙蒂蒂头戴着因她而得名的“纳芙蒂蒂帽冠”，帽冠上还系着一条象征王权的金色带子。她的双眼则使用黑色石英石镶嵌而成，但是左眼的镶嵌物已经脱落不见了，她的脖子非常长，这可能是受到阿玛尔纳艺术风格的影响。

图坦卡蒙许愿杯

时间：公元前14世纪中期

材质：雪花石膏

尺寸：高18.3厘米，宽28.3厘米，杯深16.8厘米

出土地点：卢克索·国王谷图坦卡蒙墓（KV62）前厅

收藏地点：埃及·埃及博物馆

图坦卡蒙墓中出土了大量精美的雪花石膏器皿，这件被称为许愿杯的杯子更是其中的精品。许愿杯整体造型为一朵盛开的碗状莲花，周围伴生有多朵花蕾，这些花蕾上坐着手持着代表百万年的弯曲棕榈枝的海赫神，棕榈枝上还描绘有象征生命的安可符号，祝愿国王能够拥有百万年的长久生命。杯体上雕刻着用蓝色颜料填充的图坦卡蒙的本名、登基名和祝福语，例如“上下埃及之王，奈布赫帕鲁拉，被赐予生命”“拉之子，阿蒙的活体形象，底比斯永远的统治者”等，同时杯口还写着大量的祝福祷词，例如“愿你的卡魂长存，愿你的生命持续百万年，热爱底比斯者，面向北风而坐，目睹幸福。”因此被发掘者霍华德·卡特称为“许愿杯”。

雪花石膏香水瓶

时间：公元前14世纪中期

材质：雪花石膏，象牙，黄金

尺寸：高70.5厘米，宽36厘米，瓶深18.5厘米

出土地点：卢克索·国王谷图坦卡蒙墓（KV62）前厅

收藏地点：埃及·埃及博物馆

这件香水瓶同样出土于图坦卡蒙墓的前厅，由整块的雪花石膏雕刻而成。整体造型为一尊放在基座上的长颈瓶。瓶体周围则是交叉的纸莎草和莲花，两种植物的花茎都被头顶植物装饰的尼罗河洪水之神哈皮握着，象征着繁荣和生命力。瓶口上还有一只展开双翼的上埃及秃鹫女神和两条眼镜蛇女神的形象，象征着对国王的保护。基座上则是两只展开翅膀的鹰神守护着图坦卡蒙的王名圈。

独角羚羊香水瓶

时间：公元前14世纪中期

材质：雪花石膏，羚羊角，水晶石，象牙

尺寸：高27厘米，长38.5厘米，宽18.5厘米

出土地点：卢克索·国王谷图坦卡蒙墓（KV62）侧室

收藏地点：埃及·埃及博物馆

自从新王国时期开始，古埃及与西亚地区的交流日益频繁，西亚地区信仰的许多神灵被引入古埃及宗教信仰之中，阿卡德神话的牧神塔摩兹就是其中之一，他化身的羚羊形象也成为古埃及艺术中常见的元素。这件香水瓶用整块雪花石膏雕刻而成，羚羊平卧的身体上被开了一个孔洞，用来盛放香水和油膏。羚羊的眼睛使用水晶石镶嵌，而它吐出的舌头则是染色的象牙，为了让羚羊的形象更加生动，羚羊的双角使用了真正的羚羊角制成，但是其中一只已经丢失了。

拉美西斯二世残像

时间：公元前13世纪初期

材质：花岗岩

尺寸：高2.67米，宽2.03米

出土地点：拉美西姆遗址

收藏地点：英国·大英博物馆

拉美西斯二世在位期间，下令为自己雕刻了众多巨像，其中最高的可达17米。这块拉美西斯二世的雕像残片被发现于底比斯地区的拉美西姆神庙遗址的门前，目前全重7.25吨，原本为神庙门口并列的一对巨像，其中这尊保存较为完整的被意大利人贝尔佐尼掠夺并卖给了大英博物馆，另一尊仅剩头部的巨像还留在原址。在这尊拉美西斯二世残像上，国王头戴着有蛇标的奈梅斯头巾，左臂和右臂下端丢失，身体自胸腹以下也完全丢失，胸前的空洞被认为是拿破仑的部下试图将其从掩埋物下挖出时留下的。尽管严重残损，但是国王的神态惟妙惟肖，体现了古埃及最鼎盛时期的石雕艺术水平。

梅里塔蒙半身雕像

时间：公元前13世纪初期

材质：石灰石

尺寸：高75厘米，宽44厘米

出土地点：拉美西姆遗址

收藏地点：埃及·埃及博物馆

梅里塔蒙王后是拉美西斯二世和妮菲塔莉王后的女儿，在妮菲塔莉去世后，梅里塔蒙嫁给了她的父亲，成为新的王后。这件雕像如今仅存上半身，且右臂整个缺失，面部也略微损毁，但依然将这位年轻王后的容貌表现得格外生动美丽。王后头戴假发和发箍，发箍正面有分别代表上下埃及王冠的两枚蛇标，头顶上则是由若干条头顶太阳圆盘的眼镜蛇组成的王冠头饰。

夏巴卡石碑

时间：公元前8世纪末期

材质：角砾岩

尺寸：高0.95米，宽1.37 米

出土地点：孟菲斯·普塔赫神庙遗址

收藏地点：英国·大英博物馆

这块石碑以古埃及第二十五王朝的国王夏巴卡的名字命名，夏巴卡是努比亚国王，他率领努比亚军队占领埃及之后，为了获得古埃及本地祭司势力的支持，出资将孟菲斯地区普塔赫神庙中一些被虫蛀的莎草纸文献的文本内容镌刻于石碑上以便保存。这块夏巴卡石碑上的铭文内容就是埃及神话中著名的孟菲斯神系，这些最早可追溯到古王国时期书写的文本记录了孟菲斯神系的创世神话和世界观的内容。这块石碑曾经一度被后世居民用作磨盘，导致石碑中间缺损了半径为78厘米的铭文内容，同时夏巴卡国王的名字也遭到后来的古埃及国王普萨美提克三世的故意破坏。

罗塞塔石碑

时间：公元前196年

材质：花岗闪长岩

尺寸：高1.12米，宽0.75米，厚0.28米

出土地点：舍易斯神庙（原址）朱利安堡垒护墙内（1799年）

收藏地点：英国·大英博物馆

罗塞塔石碑因其著名的三语文本（古埃及圣书体-古埃及僧侣体-古典希腊文）而成为众多语言学家破译古埃及圣书体文字的关键，所以成为了“解谜关键”的代名词，因此这块石碑具有极高的文化价值。根据这块石碑上的铭文可知，石碑上的诏令颁布于托勒密五世在位的第九年，也就是公元前195年3月27日——由于托勒密四世时期埃及境内爆发了大规模的叛乱，新登基的托勒密五世颁布了税收和优待神庙的诏令，并通过三种语言，向埃及境内的古埃及人和希腊人同时公布。这种多语种法令石碑在古埃及并不罕见，目前已发现的公元前 243 年的亚历山大法令、公元前238 年的卡诺普斯法令、孟菲斯法令和托勒密四世法令都是双语或三语版本。值得一提的是，大英博物馆在1999年对罗塞塔石碑进行的第二次清理过程中发现碑体的左上角有部分粉红色矿脉，经过对比，考古学家们发现这块石碑的花岗岩石材来自阿斯旺附近的吉贝尔-廷加采石场，和那块著名的未完成的方尖碑开采自同一地区。

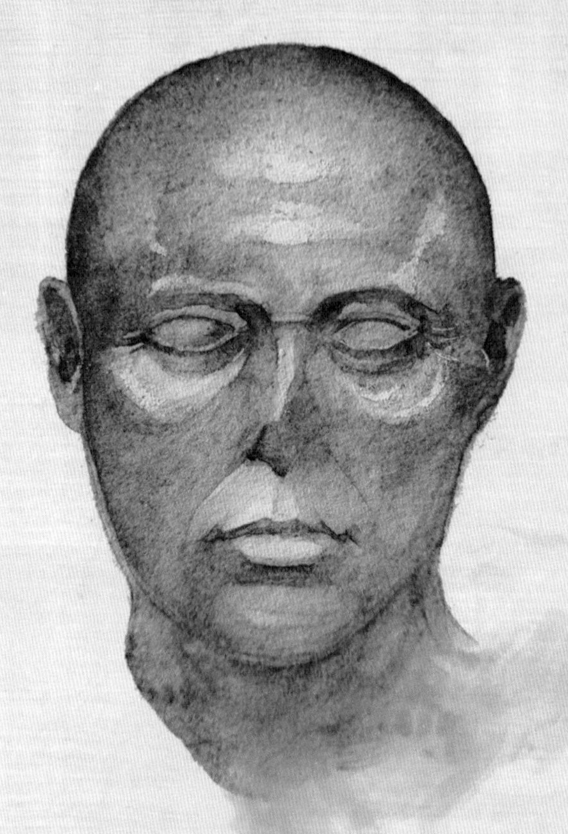

无名祭司头像

时间：不详（推测约为公元前1世纪中期）

材质：绿片岩

尺寸：高21厘米，宽19厘米

出土地点：不详

收藏地点：德国・柏林埃及博物馆

这尊被称为“绿头”的雕像已经严重残缺，没有留下任何铭文可以证明它究竟是何时被雕刻而成的，参考的原型又是谁，但根据雕刻元素和风格可以得知应是一名生活在公元前1世纪早期到中期的古埃及祭司，通过面部线条表现出的皱纹等细节，将其描绘成了一名思考中的中年男性形象。这尊雕像同时吸收了古埃及、古希腊和早期罗马雕像的风格，写实且生动。

后记（一）

匆匆二十余万字的篇幅，难以概述古埃及三千余年浩瀚历史之万一。在写作这套书的过程中，我查阅了中外众多埃及学书籍和论文，越发觉得自己学识浅薄，不堪负此重任。

受限于篇幅，许多非常重要的内容只能泛泛略过，例如《生命之宫》一书中的“晚王国时期”和“托勒密王朝”的古埃及历史，《美丽之屋》一书中形态各异而被有意无意忽略的埃及诸神，《伟大之域》一书中没有足够的篇章来讲述古埃及文物中的“木雕”（原本打算按照“金”“石”“木”的材料来区别展现古埃及不同的艺术精品），这让我难免有些遗憾。

但是这套书能够顺利付梓，还是让我得以一偿夙愿，完成了一套“通俗的古埃及全景式科普书”。在这里要感谢悠老师的生花妙笔，为这些枯燥的文字添加了生动的梦幻之景。还要感谢清华大学出版社的刘一琳编辑从立项到最终出版所做出的重大贡献，这本书也献给她那位与这本书几乎同时诞生的孩子。感谢清华大学出版社的各位编辑老师，感谢在写作过程中给予无私帮助的李晓东教授、金寿福教授、颜海英教授、袁指挥教授，感谢微博上的“海参难吃1997”“解印人桑托”“TinkerWY”“C酱住在乌鲁克”“爆肝的纸莎草”提供的资料和数据。还要特别感谢在写作过程中对我照顾有加的家人，没有他们，这本书就很难问世。

在此，特别感谢李晓东教授在百忙之中拨冗赐序。

仓促成书，其间难免有所疏漏，若有斧正，恳请赐教为幸。

赵航

2022年5月

后记（二）

2018年，当我结束了《花样公公》的漫画故事连载之后，终于有时间出去旅游了。于是我选择了埃及。

说熟悉也不算熟悉，说陌生也不算陌生，看着《尼罗河女儿》《天是红河岸》长大的宅女，总想亲自去看看。看过一些相关书籍（关于“法老的诅咒”“外星人法老”之类），逛过世博会埃及馆，仅止于此。

当我摸到了伫立千年的古老巨石，看到斑驳艳丽的壁画，触碰到清凉的尼罗河水时，一种无法言表的感情陡然绽放，我被摔入浩瀚的时间长河之中。一边是WiFi、咖啡和聊天平台，一边是古老安静谜一样的古文明画卷。

接下来的几年在不断地看书和学习中度过。作为一个外行，我只能把学到的、看到的关于古文明的思考画出来，放在微博上，和同样热爱古埃及的朋友一起发散思维、调整纠错。

在这个阶段，我也认识了这次的合作者科普作家赵航老师和清华大学出版社的编辑刘一琳。赵老师产出效率惊人，我只能努力跟上他的步调；一琳提了很多专业性的意见。如此这般，从纯CG的漫画故事过渡到手绘历史、神话、建筑……还顺便学会了排版，突破了原本的舒适圈反而让我格外舒适。我应该也会一直这么折腾下去，和鼓励我的大家共同进步。

这套书，是赵老师多年研究古埃及文明的成果，也是我这些年手绘古埃及的集结，还有我母亲拍摄的照片，希望能和你一起踏上寻访古埃及文明的旅程。

悠拉悠

2022年6月

莎草绘卷 绘制过程